技工院校“十四五”规划室内设计专业系列教材
中等职业技术学校“十四五”规划艺术设计专业系列教材

室内模型制作

姚婷 黄艳 李洁如 主编
黄雨佳 康弘玉 吴静纯 副主编

華中科技大學出版社
http://www.hustp.com
中国·武汉

内容简介

本书共分为六个项目，项目一和项目二主要介绍室内模型的基础知识、常用材料和工具，以及制作原则和制作方法；项目三介绍室内空间组成元素（墙体、门窗、沙发、组合柜、桌椅、床和软装饰品）的模型制作方法；项目四和项目五是本书的重点，以中式风格居住空间和别墅的模型制作实例进行模型制作讲解，让学生全面掌握室内模型制作的方法和技巧；项目六介绍了以灯光、储存与拍摄为主要内容的室内模型后期制作知识。

图书在版编目（CIP）数据

室内模型制作 / 姚婷，黄艳，李洁如主编．— 武汉：华中科技大学出版社，2021.6（2024.9 重印）

ISBN 978-7-5680-7284-7

Ⅰ．①室… Ⅱ．①姚… ②黄… ③李… Ⅲ．①室内装饰设计 – 模型（建筑）– 制作 – 教材 Ⅳ．① TU205

中国版本图书馆 CIP 数据核字 (2021) 第 123531 号

室内模型制作

Shinei Moxing Zhizuo

姚婷　黄艳　李洁如　主编

策划编辑：金　紫

责任编辑：黄　勇

责任校对：张会军

装帧设计：金　金

责任监印：朱　玢

出版发行：华中科技大学出版社（中国 • 武汉）　　电　话：（027）81321913

武汉市东湖新技术开发区华工科技园　　邮　编：430223

录　排：天津清格印象文化传播有限公司

印　刷：武汉科源印刷设计有限公司

开　本：889mm × 1194mm　1/16

印　张：10

字　数：321 千字

版　次：2024 年 9 月第 1 版第 4 次印刷

定　价：59.80 元

技工院校“十四五”规划室内设计专业系列教材
中等职业技术学校“十四五”规划艺术设计专业系列教材
编写委员会名单

总主编

文健，教授，高级工艺美术师，国家一级建筑装饰设计师。全国优秀教师，2008 年、2009 年和 2010 年连续三年获评广东省技术能手。2015 年被广东省人力资源和社会保障厅认定为首批广东省室内设计技能大师，2019 年被广东省教育厅认定为建筑装饰设计技能大师。中山大学客座教授，华南理工大学客座教授，广州大学建筑设计研究院室内设计研究中心客座教授。出版艺术设计类专业教材 120 种，拥有自主知识产权的专利技术 130 项。主持省级品牌专业建设、省级实训基地建设、省级教学团队建设 3 项。主持 100 余项室内设计项目的设计、预算和施工，内容涵盖高端住宅空间、办公空间、餐饮空间、酒店、娱乐会所、教育培训机构等，获得国家级和省级室内设计一等奖 5 项。

合作编写单位

（1）合作编写院校

广州市工贸技师学院
佛山市技师学院
广东省交通城建技师学院
广东省理工职业技术学校
台山敬修职业技术学校
广州市轻工技师学院
广东省华立技师学院
广东花城工商高级技工学校
广东省技师学院
广州城建技工学校
广东岭南现代技师学院
广东省国防科技技师学院
广东省岭南工商第一技师学院
广东省台山市技工学校
茂名市交通高级技工学校
阳江技师学院
河源技师学院
惠州市技师学院
广东省交通运输技师学院
梅州市技师学院
中山市技师学院
肇庆市技师学院
江门市新会技师学院
东莞市技师学院
江门市技师学院
清远市技师学院
山东技师学院
广东省电子信息高级技工学校
东莞实验技工学校
广东省粤东技师学院
珠海市技师学院
广东省工业高级技工学校
广东省工商高级技工学校
广东江南理工高级技工学校
广东羊城技工学校
广州市从化区高级技工学校
广州造船厂技工学校
海南省技师学院
贵州省电子信息技师学院

（2）合作编写组织

广东省集美设计工程有限公司
广东省集美设计工程有限公司山田组
广州大学建筑设计研究院
中国建筑第二工程局有限公司广州分公司
中铁一局集团有限公司广州分公司
广东华坤建设集团有限公司
广东翔顺集团有限公司
广东建安居集团有限公司
广东省美术设计装修工程有限公司
深圳市卓艺装饰设计工程有限公司
深圳市深装总装饰工程工业有限公司
深圳市名雕装饰股份有限公司
深圳市洪涛装饰股份有限公司
广州华浔品味装饰工程有限公司
广州浩弘装饰工程有限公司
广州大辰装饰工程有限公司
广州市铂域建筑设计有限公司
佛山市室内设计协会
佛山市拓维室内设计有限公司
佛山市星艺装饰设计有限公司
佛山市三星装饰设计工程有限公司
广州瀚华建筑设计有限公司
广东岸芷汀兰装饰工程有限公司
广州翰思建筑装饰有限公司
广州市玉尔轩室内设计有限公司
武汉半月景观设计公司
惊喜（广州）设计有限公司

序言

技工教育是中国职业技术教育的重要组成部分，主要承担培养高技能产业工人和技术工人的任务。随着“中国制造 2025”战略的逐步实施，建设一支高素质的技能人才队伍是实现规划目标的必备条件。如今，技工院校的办学水平和办学条件已经得到很大的改善，进一步提高技工院校的教育、教学水平，提升技工院校学生的职业技能和就业率，弘扬和培育工匠精神，打造技工教育的特色，已成为技工院校的共识。而技工院校高水平专业教材建设无疑是技工教育特色发展的重要抓手。

本套规划教材以国家职业标准为依据，以培养学生的综合职业能力为目标，以典型工作任务为载体，以学生为中心，根据典型工作任务和工作过程设计教材的项目和学习任务。同时，按照职业标准和学生自主学习的要求进行教材内容的设计，结合理论教学与实践教学，实现能力培养与工作岗位对接。

本套规划教材的特色在于，在编写体例上与技工院校倡导的“教学设计项目化、任务化，课程设计教、学、做一体化，工作任务典型化，知识和技能要求具体化”紧密结合，体现任务引领实践的课程设计思想，以典型工作任务和职业活动为主线设计教材结构，以职业能力培养为核心，将理论教学与技能操作相融合作为课程设计的抓手。本套规划教材在理论讲解环节做到简洁实用，深入浅出；在实践操作训练环节体现以学生为主体的特点，创设工作情境，强化教学互动，让实训的方式、方法和步骤清晰明确，可操作性强，并能激发学生的学习兴趣，促进学生主动学习。

为了打造一流品质，本套规划教材组织了全国 40 余所技工院校共 100 余名一线骨干教师和室内设计企业的设计师（工程师）参与编写。校企双方的编写团队紧密合作，取长补短，建言献策，让本套规划教材更加贴近专业岗位的技能需求和技工教育的教学实际，也让本套规划教材的质量得到了充分保证。衷心希望本套规划教材能够为我国技工教育的改革与发展贡献力量。

技工院校“十四五”规划室内设计专业系列教材
中等职业技术学校“十四五”规划艺术设计专业系列教材　总主编

教授 / 高级技师　文健

2020 年 6 月

前言

本教材获评国家级技工教育和职业培训教材（中华人民共和国人力资源和社会保障部公布）。

室内模型制作是室内设计专业的必修课程，模型制作是室内环境设计直观、立体的展示方式，也是呈现设计思维、表现设计效果的重要方式和手段。本书秉承“扎实基础、项目引导、思政结合、工学一体、强调实践”的理念，把室内模型制作的知识点与实践练习紧密结合，让学生既能掌握室内模型制作的理念与方法，又能提高室内模型的实践制作技能。

本书共分为六个项目，项目一和项目二主要介绍室内模型的基础知识、常用材料和工具，以及制作原则和制作方法；项目三介绍室内空间组成元素（墙体、门窗、沙发、组合柜、桌椅、床和软装饰品）的模型制作方法；项目四和项目五是本书的重点，以中式风格居住空间和别墅的模型制作实例进行模型制作讲解，让学生全面掌握室内模型制作的方法和技巧；项目六介绍了以灯光、储存与拍摄为主要内容的室内模型后期制作知识。另外，本书还配有大量优秀模型制作案例，可以通过扫描下方的二维码进行赏析，以启发学生的创意思维。

本书以学生为主体，重实践，重引导，采用项目教学法，工学结合，理实一体，贯彻了以项目为引领的编写思路。本书内容深入浅出，图片丰富，示范步骤清晰，便于学生全方位学习模型制作的知识。

本书在编写过程中得到了广州城建职业学院、广州市工贸技师学院、广东岭南现代技师学院、广东省交通城建技师学院、惠州市技师学院以及其他兄弟院校和相关企业的大力支持和帮助，在此表示衷心的感谢。由于编者的学术水平有限，本书可能存在一些不足之处，敬请读者批评指正。

姚婷

2021 年 4 月

扫描二维码看模型制作案例

课时安排（建议课时 88）

项目	课程内容	课时	
项目一 室内模型基础知识	学习任务一　室内模型概念与发展进程	2	8
	学习任务二　室内模型分类与应用	2	
	学习任务三　室内模型常用材料与工具	2	
	学习任务四　室内模型的比例	2	
项目二 室内模型制作准备	学习任务一　室内模型制作方案设计构思	2	10
	学习任务二　室内施工图绘制	2	
	学习任务三　室内模型创意表达	2	
	学习任务四　室内模型风格表现	2	
	学习任务五　室内模型制作程序	2	
项目三 单体模型设计与制作	学习任务一　墙体与门窗模型制作	2	12
	学习任务二　沙发模型制作	2	
	学习任务三　组合柜模型制作	2	
	学习任务四　桌椅组合模型制作	2	
	学习任务五　床模型制作	2	
	学习任务六　软装饰品模型制作	2	
项目四 中式风格居住空间模型制作	学习任务一　中式风格居住空间方案设计	4	24
	学习任务二　中式风格居住空间施工图绘制	4	
	学习任务三　底座、墙体与门窗结构模型制作	4	
	学习任务四　中式风格家具模型制作	6	
	学习任务五　中式风格软装饰品模型制作	6	
项目五 别墅模型制作	学习任务一　别墅方案设计	4	26
	学习任务二　别墅施工图绘制与材料准备	6	
	学习任务三　别墅模型底座与基础结构制作	6	
	学习任务四　别墅模型室内家具和软装饰品制作	6	
	学习任务五　别墅模型园林景观制作	4	
项目六 室内模型后期制作	学习任务一　室内模型灯光效果	4	8
	学习任务二　室内模型保护罩制作	2	
	学习任务三　室内模型的拍摄技巧	2	

目录

项目一

室内模型基础知识

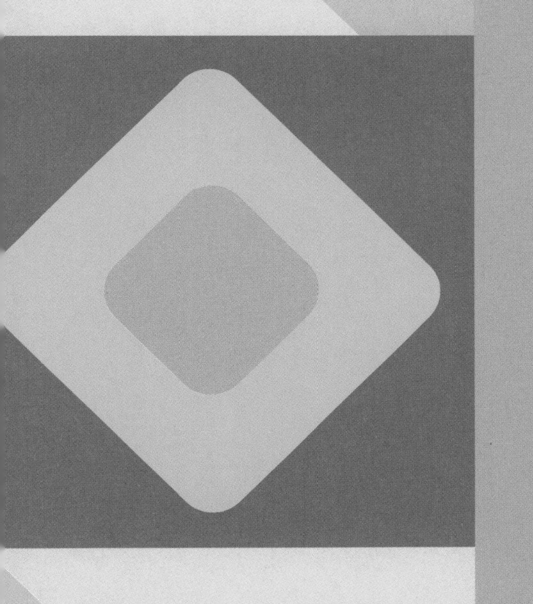

学习任务一　室内模型概念与发展进程
学习任务二　室内模型分类与应用
学习任务三　室内模型常用材料与工具
学习任务四　室内模型的比例

室内模型概念与发展进程

教学目标

（1）专业能力：了解室内模型的概念、种类、运用范围、作用和特征。

（2）社会能力：能收集室内模型、建筑模型、景观模型的案例，并能分析室内模型案例的特点。

（3）方法能力：信息和资料收集能力，设计案例分析、提炼及应用能力。

学习目标

（1）知识目标：了解室内模型的概念、种类和特征。

（2）技能目标：能够分析室内模型案例的应用领域与特点。

（3）素质目标：能够大胆、清晰地表述自己对室内模型案例的认识，具备团队协作能力和一定的语言表达能力，培养综合职业能力。

教学建议

1. 教师活动

（1）教师通过展示前期收集的各种类型模型设计案例的图片，提高学生对模型的直观认识。同时，运用多媒体课件、教学视频等多种教学手段，讲授模型的学习要点，指导组织学生表达自己的认识和观点。

（2）引导学生发掘和分析中华传统艺术中的优秀模型案例。

2. 学生活动

分组收集不同类型模型设计案例并进行现场展示和讲解，训练语言表达能力和沟通协调能力。

一、学习问题导入

模型在生活中非常常见，玩具汽车模型、洋娃娃模型、手机模型、建筑模型和沙盘模型等都属于模型。模型就是根据实物缩放比例，再按照设计者的想法，运用一定材料制作出来的产品，模型的制作是对产品的三维立体呈现，能够在一定程度上还原产品的形态，让产品更加直观、真实，如图 1-1 ~图 1-3 所示。

图 1-1　玩具汽车模型

图 1-2　建筑模型

图 1-3　沙盘模型

二、学习任务讲解

1. 室内模型的概念

模型分为实体模型（具有重量和体积的实体物件）和虚拟模型（通过数字信息表现的形体）。模型是依据某一种形式或内在的联系，进行模仿性的有形制作，并制成的模拟形体。关于模型的记载，中国可以追溯到公元 121 年成书的《说文解字》，其注解是这样描述的：“以木为之曰模，以竹曰范，以土曰型，引申之谓典型。”即在营造构筑之前，利用直观简单的微观模型把建筑构造表现得淋漓尽致。模型是一种形象的艺术语言，也是一种直观的表达方式，如图 1-4 和图 1-5 所示。

图 1-4　建筑景观模型

图 1-5　景观模型

室内模型是采用装饰材料，按照设计图纸，以适当的比例制成的室内空间模拟产品。它能呈现出一种三维的立体模式，是设计师全方位展示设计理念的一种手段，被广泛运用于建筑外观设计展示、室内空间设计展示和景观场景展示等领域。室内模型能够较为真实地模拟出室内的空间场景，包括室内空间内部格局、门窗位置、室内灯光效果、室内软装饰设计等，让室内空间更加立体、直观，如图 1-6 和图 1-7 所示。

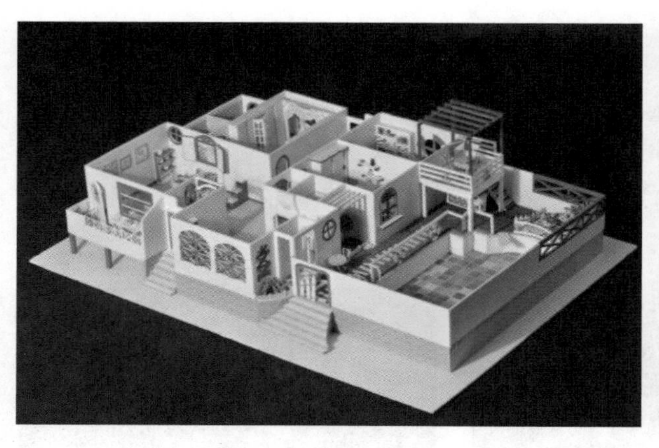

图 1-6　室内模型 1

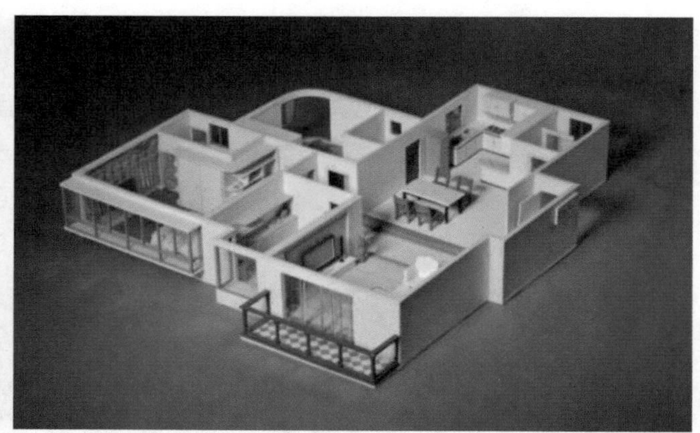

图 1-7　室内模型 2

2. 模型的发展与进程

根据记载，人类使用模型进行建筑设计创作的记录最早出现于哈罗多特斯《达尔菲神庙模型》一书，并直到 14 世纪，欧洲才开始将这种创作手段应用于建筑设计实践，帕特农神庙建筑模型如图 1-8 所示。从文艺复兴早期起，建筑模型广泛地应用于表现建筑和城市设计构思，尤其是用于教堂建筑的设计，如 15 世纪建成的鲁昂圣马可教堂、1502 年建成的位于雷根斯堡的斯赫恩 · 玛利亚教堂和 1754 年建成的位于施泰因加登的维斯朝圣教堂等。20 世纪 20— 30 年代，包豪斯学校及以柯布西耶为代表的建筑师们逐渐重视实体模型在建筑设计中的作用，并将其作为建筑学教育中不可或缺的课程。

图 1-8　帕特农神庙建筑模型

中国早期的模型是建筑模型。中国的建筑模型历史悠久，东汉绿釉陶楼是汉代著名的建筑模型，如图 1-9 所示。它以土坯烧制而成，外观模仿木构楼阁，造型精美，是一种随葬品，可以完整地反映当时的建筑样式，是考古研究的重要佐证。

现在，随着建筑行业和房地产行业的飞速发展，建筑模型设计制作成为一种新兴的行业，其制作材料越来越丰富，制作工艺和水平也越来越高。建筑模型设计制作最开始只是广告公司的一个附属产业，随着房地产行业的飞速发展，出现了专业建筑沙盘模型设计制作的公司。房地产公司通过展示建筑模型，让消费者很直观地了解到开发项目的建筑与景

图 1-9　绿釉陶楼模型

观环境、建筑物的外观、房屋户型的布局结构、小区总体规划的全貌等，能够刺激消费者购房。建筑和室内模型已经成为房地产销售必不可少的工具。

三、学习任务小结

通过本次课的学习，同学们已经初步了解了室内模型的基本概念，对建筑模型的历史发展有一定的认识。课后同学们还要通过自身学习室内模型设计的相关知识，全面提升自己的综合能力。

四、课后作业

收集 10 个不同时期的建筑或室内模型案例，进行 PPT 制作与讲解。

室内模型分类与应用

教学目标

（1）专业能力：了解常用室内模型的种类和特点。

（2）社会能力：关注室内模型在实际生活中的应用，收集不同种类的室内模型图片。

（3）方法能力：资料收集能力、辨别分析能力、应用能力。

学习目标

（1）知识目标：了解室内模型的分类和应用领域。

（2）技能目标：能结合设计方案选择合适的室内模型进行设计和展示。

（3）素质目标：提高对室内模型的审美能力和评述能力。

教学建议

1. 教师活动

教师讲解室内模型的分类与应用，提高学生对室内模型分类的理解。

2. 学生活动

学生仔细聆听教师的专业讲解，积极与教师进行互动。

一、学习问题导入

当你来到某楼盘的销售中心，会看到展示整个楼盘布局与规划的建筑沙盘模型。当你想了解某户型的室内格局时，也会看到相关的室内模型，这些室内模型将室内空间布局、门窗位置、家具布置形象、直观地展示了出来，如图 1-10 ~图 1-13 所示。

图 1-10　建筑沙盘模型

图 1-11　室内模型远景

图 1-12　室内模型近景

图 1-13　别墅模型

二、学习任务讲解

室内模型可按照方案阶段过程、表达内容和制作材料三个方面分类。

1. 按照方案阶段过程分类

根据方案的设计阶段可分为构思阶段模型、设计阶段模型与终结阶段模型。

（1）构思阶段模型。

构思阶段模型是初步设计方案阶段的模型，其利用简单的板材制作室内空间的大致内部结构，常用于展示空间的墙体结构，帮助设计者理清空间的穿插关系和功能分区，表现设计想法，从视觉上获得设计灵感，如图 1-14 所示。

图 1-14　样板间构思阶段模型

（2）设计阶段模型。

设计阶段模型是在构思阶段模型的基础上继续深化，根据确定好的设计风格完善模型内部空间的立面造型和家具、陈设的布置，如图 1-15 和图 1-16 所示。

（3）终结阶段模型。

终结阶段模型用于呈现设计方案的最终效果，是伴随设计方案完成的成熟模型，根据方案的设计定位、设计元素呈现室内空间的细节，如图 1-17 和图 1-18 所示。

图 1-15　设计阶段模型 1

图 1-16　设计阶段模型 2

图 1-17　简约样板间的终结阶段模型

图 1-18　欧式样板间的终结阶段模型

2. 按照表达内容分类

室内模型按照表达内容可分为三大类，分别是结构模型、剖面模型和家具模型，最常用的是结构模型和剖面模型。

（1）结构模型。

结构模型主要是表达室内空间中各主要结构和构件间连接关系的模型，有助于表现空间内部的框架关系，常用于餐饮空间、商业空间等大型公共建筑室内空间的表现。结构模型较好地展示了建筑内部的梁、柱、墙的位置与关系，可以用来研究复杂结构的细节设计，如图 1-19 和图 1-20 所示。

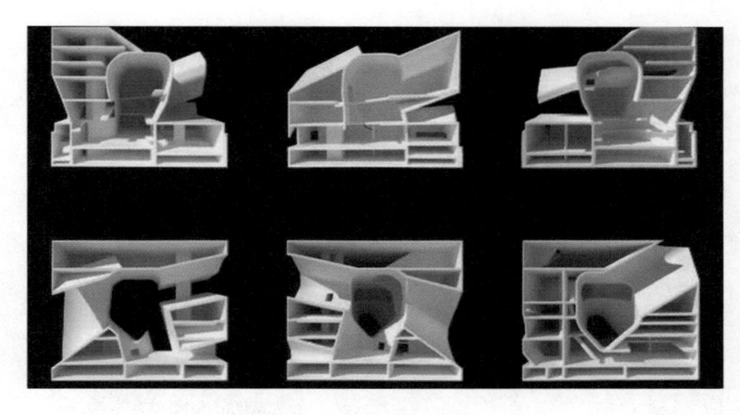

图 1-19　结构模型 1

图 1-20　结构模型 2

（2）剖面模型。

剖面模型主要是表达室内空间平行与垂直关系的模型，可分为横向剖面模型和竖向剖面模型。横向剖面模型多用于表现室内空间的布局关系，如房地产销售中心常见的室内户型模型；竖向剖面模型常用于展示复式户型、别墅或者多层建筑的垂直走向，通常选择建筑物的正面或者侧面切割来展示建筑内部错综复杂的关系，如图 1-21 和图 1-22 所示。

图 1-21　横向剖面模型

图 1-22　竖向剖面模型

（3）家具模型。

家具模型常用于表达特殊家具的定制设计，能更清晰地展示家具的结构、细节与尺寸。同时，家具模型也是室内模型的重要组成部分，可以丰富室内空间的展示效果，如图 1-23 ~图 1-25 所示。

图 1-23　家具模型 1

图 1-24　家具模型 2

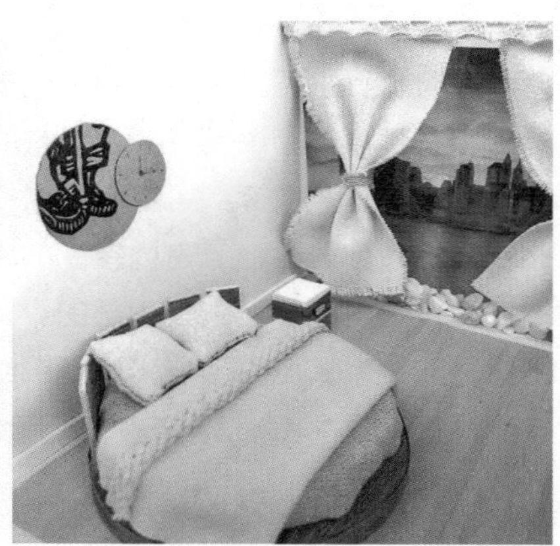

图 1-25　家具模型 3

3. 按照制作材料分类

模型按照制作材料可以分为纸板模型、木质模型、有机玻璃模型、塑料模型、综合模型等。以下简要介绍其中几种。

（1）纸板模型。

纸板是一种常用的制作建筑模型的材料。由于纸板购买方便、容易裁切、造型表现力强，特别适合于设计的初期构思阶段。常用的纸板有卡纸板、瓦楞纸板、装饰纸板等，如图 1-26 所示。

（2）木质模型。

木质模型常用于表现自然主义风格的建筑和室内空间，其具有加工方便、质感细腻、纹理清晰的特点。搭配激光雕刻机，能精确表现细节，如图 1-27 所示。

（3）有机玻璃模型。

有机玻璃也叫亚克力玻璃，它是一种热塑性树脂合成物，有非常好的透光性，相对于普通玻璃具有质量轻、不易破碎、易切割的特点。常用作各种商业模型或者室内模型的外立面、楼板等主体结构的材料，如图1-28 所示。

（4）塑料模型。

塑料具有塑造力强、容易加工、质量轻等特点，常用泡沫塑料来表现模型的结构，如建筑外立面、墙体等。常用的泡沫塑料有 PVC 发泡板、KT 板和 ABS 板，如图 1-29 所示。

（5）综合模型。

综合模型指的是在制作模型时，以两种或者两种以上的材料综合加工制作的模型。通常以一种材料为主，其他材料为辅。如外墙体用亚克力板材，室内家具用 PVC 板材。这样做出来的模型，既能通过透明的亚克力板清晰看到室内布局，又能发挥材料的各自优点，让家具陈设的质感更加真实，如图 1-30 所示。

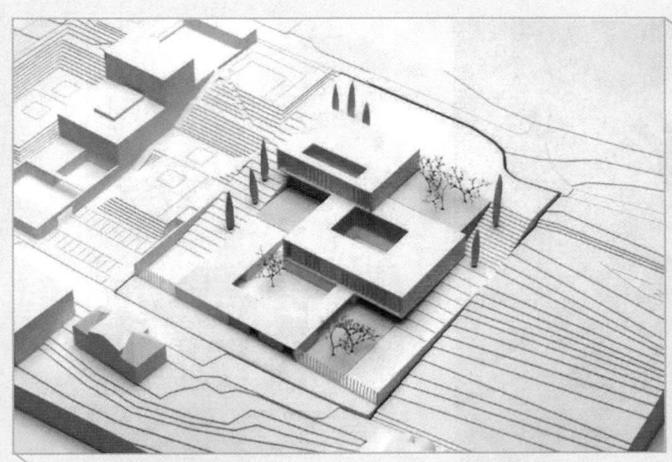

图 1-26　纸板模型

图 1-27　木质模型

图 1-28　有机玻璃模型

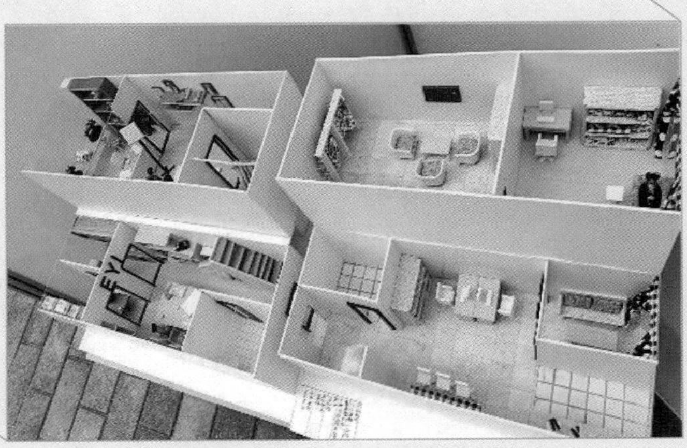

图 1-29　塑料模型

图 1-30　综合模型

三、学习任务小结

通过本次课的学习，同学们已经初步了解室内模型的分类和特点。课后，同学们要根据室内模型的种类收集相关的图片和案例，并通过教学平台进行共享，扩展室内模型课程的资料库。

四、课后作业

自建 4 人小组，根据常用室内模型的种类划分，每一类型收集 5 张以上清晰的室内模型图片，并制作成 PPT 进行分享。

室内模型常用材料与工具

教学目标

（1）专业能力：了解室内模型制作常用的材料与工具。

（2）社会能力：了解室内模型制作材料的性能和特点。

（3）方法能力：观察与分析能力、创新与动手能力。

学习目标

（1）知识目标：了解室内模型制作材料与工具的特点。

（2）技能目标：能合理使用室内模型制作材料与工具。

（3）素质目标：收集与归纳能力、辨析能力。

教学建议

1. 教师活动

教师讲解室内模型制作的材料与工具的特点与用途，并示范其使用方法。

2. 学生活动

认真聆听教师讲解室内模型制作的材料与工具的特点与用途，并实操练习。

一、学习问题导入

模型的制作效果与材料的选择与使用密不可分，在制作模型前，我们要对模型材料的功能、特性有充分的认识，并选用合适的工具，才能更好地加工制作模型。随着科学技术的发展，用于制作模型的材料越来越多，呈现出多样化的趋势。面对纷繁复杂的材料，如何选择才能准确地展现制作者的创作意图，需要制作者在制作前做好策划。

二、学习任务讲解

（一）室内模型制作的材料

室内模型制作材料可以分为主材和辅材两大类。主材指的是模型制作的主要材料，常用的主材有纸质材料、木质材料、塑料材料、金属材料和浇注材料。辅材指的是模型制作的辅助材料，常用的辅材包括黏合材料和其他辅助材料。

1. 纸质材料

纸质材料价格低廉，携带方便，质地柔软，可以随意折叠和裁剪，是制作模型的理想材料。常用的纸质材料主要有以下几种。

（1）卡纸。

卡纸较厚，易加工，能够随意地折叠和裁剪。不同颜色的卡纸有不同的用途，例如白卡纸可以制作白色墙面，灰卡纸可以表现混凝土材质，色卡纸则可用来表现不同饰面，如图 1-31 所示。

（2）硬纸板。

硬纸板具有硬度高、表面平整、质地坚韧、不易变形的特点，常用的颜色有黑色、白色与牛皮色，如图 1-32 所示。

（3）瓦楞纸。

瓦楞纸表面呈波浪纹状，纸质较厚实，色彩丰富，常用于表现建筑的屋顶效果，如图 1-33 所示。

图 1-31　卡纸

图 1-32　硬纸板

图 1-33　瓦楞纸

（4）仿真材料纸。

仿真材料纸价格低廉，易加工，色彩和质感丰富，常用于仿石材、仿地板、仿瓷砖和仿草皮等，如图 1-34 ~ 图 1-36 所示。

图 1-34　仿真地板纸

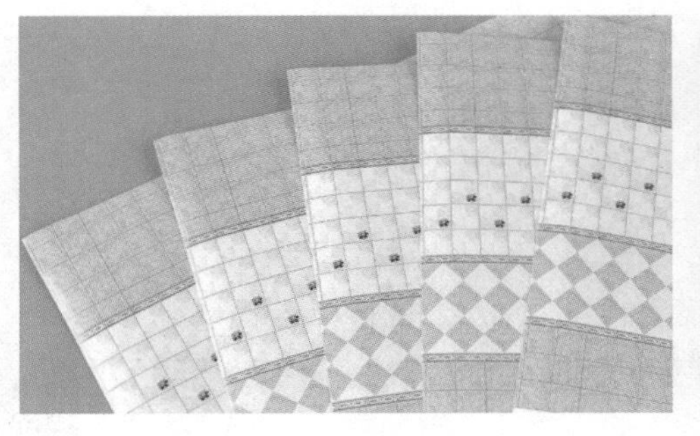

图 1-35　仿真瓷砖纸

图 1-36　仿真草皮纸

（5）不干胶纸。

不干胶纸主要用于制作模型中的窗户、道路、场地和建筑小品等。

（6）锡箔纸。

锡箔纸主要用于制作模型中的仿金属构件。

（7）砂纸。

砂纸主要用来打磨材料，也可用来制作室内的地毯和室外环境中的球场、路面、绿地等。

2. 木质材料

木质材料保持着木材天然的颜色和纹理，展现出一种自然美。木质材料的种类多样，大致可以分为两大类：一类是直接从树上取材，经过烘干处理后的自然木材；另一类是用木材废料，经过二次处理制作出的人工木质板材。模型制作的木质材料常用人工木质板材，其价格便宜、易加工、质地均匀。常见的人工木质板材主要有以下几种。

（1）胶合板。

胶合板是用三层或多层木质薄片胶黏、热压而成的人造板，常用椴木压制而成。胶合板各单板之间的纤维方向互相垂直、对称，且易于加工，主要用于模型底盘、墙体和家具的制作，如图 1-37 所示。

图 1-37　胶合板

（2）刨花板。

刨花板又叫微粒板、蔗渣板，是用木材或其他木质纤维素材料制成的碎料，再施加胶黏剂后，在热力和压力作用下胶合成的人造板。它可用来制作模型的底盘和有肌理的墙面，如图 1-38 所示。

图 1-38　刨花板

（3）密度板。

密度板也称为纤维板，是以木质纤维或其他植物纤维为原料，施加脲醛树脂或其他适用的胶黏剂制成的人造板，可分为高密度板、中密度板和低密度板。

（4）软木板。

软木板是由混合着合成树脂胶黏剂的木质颗粒组合而成的。它可弯可直，适合用于制作日式风格的室内空间，如图 1-39 所示。

图 1-39　软木板

3. 塑料材料

塑料材料是高分子合成材料，其可塑性较强，且易于加工。用塑料材料制作的模型精确度较高，常见的塑料材料有以下几种。

（1）聚苯乙烯材料。

聚苯乙烯材料也叫 KT 板，是模型制作中常用的塑料材料之一，其价格便宜，可定制较大尺寸。典型的聚苯乙烯材料呈白色，表面光滑，质感细腻。

（2）ABS 板。

ABS 板是一种新型的模型制作材料，具有韧性好、质地坚硬、不易划伤、不易变形、易加工和低吸水性的特点，可以满足产品细致加工的需求，如图 1-40 所示。

图 1-40　ABS 板

（3）PVC 板。

PVC 板也叫雪弗板，主要成分为聚氯乙烯，具有柔软、耐磨、易切割、易成型的特点，如图 1-41 所示。

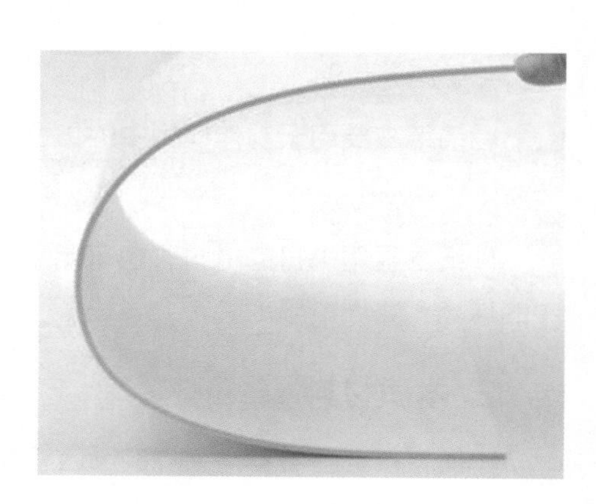

图 1-41　PVC 板

（4）泡沫塑料板。

泡沫塑料板具有质量轻、质地松软、易加工的特点。

（5）有机玻璃板。

有机玻璃板也叫亚克力板，是一种热塑性材料，有透明和不透明两种，其具有很好的热延性，且易加工，颜色丰富，是制作高档模型以及需长期保存模型的理想材料。同时，它也是制作建筑模型墙面、屋顶、台阶、底盘的常用材料，如图 1-42 所示。

图 1-42　有机玻璃板

4. 金属材料

金属材料也是模型制作中比较常用的材料之一，可用于制作模型中的建筑部件，也可以运用金属棒、金属型材和金属网来制作模型的结构构件。模型制作中常用的金属材料有以下几种。

（1）钢。

钢是一种有色金属，其用途广泛，既可以焊接，又可以胶黏和熔接。

（2）铜。

铜呈淡红棕色，在空气中容易氧化，颜色会变为绿色。可以焊接，也可以胶黏，还可以抛光。

（3）铝。

铝表面呈淡淡的银色，其不易腐蚀，质量较轻、质地柔软，易加工。

5. 浇注材料

（1）石膏。

石膏学名为硫酸钙，为白色粉末状，制作模型时要预先制作一个模具，再将液体石膏倒入模具，待冷却后成型，可用于模型中大量重复出现的物品的制作。

（2）黏土。

黏土能够迅速雕刻塑形，特别适合有机的建筑形态的模型制作。

（3）橡皮泥。

橡皮泥柔软、易塑形、颜色丰富，适合制作过程模型，有助于设计方案的推敲、改进和修正。

6. 黏合材料

在模型制作的过程中，黏合材料能把模型的各部件黏合在一起，是模型制作过程不可缺少的材料。但很多黏合材料都易燃，且具有腐蚀性，有些甚至有很强的刺激性气味，因此在使用这些黏合材料的过程中一定要注意安全。黏合材料如图 1-43 ~图 1-48 所示。

（1）白乳胶。

白乳胶使用时颜色呈白色，风干后变成透明黏稠状，干燥速度快，常用于木质材料、纸质材料的黏合。黏合的部分必须要压实，必要时可用吹风机加速风干。白乳胶不太适合用于塑料、金属的黏合。

（2）强力黏合剂。

强力黏合剂包括 502 胶、立时得、U 胶等，这些材料能够快速干燥，适用于多种材料的黏合。

（3）热熔胶。

热熔胶黏合性较好，使用方便，常用于塑料、木材、纸质材料的黏合。

（4）双面胶。

双面胶是以纸、布、塑料薄膜为基材的黏合材料，常用于柔性材料的黏合。

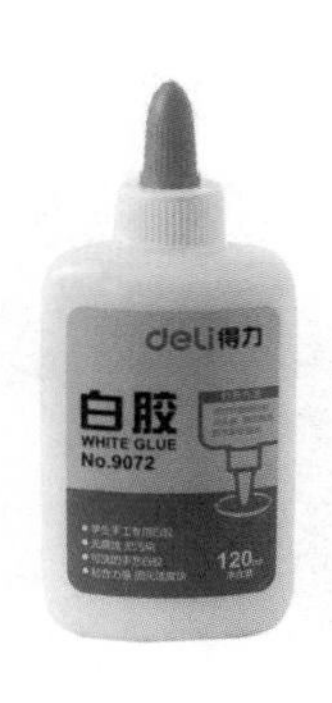

图 1-43　白乳胶

图 1-44　U 胶

图 1-45　强力快干胶

图 1-46　酒精胶

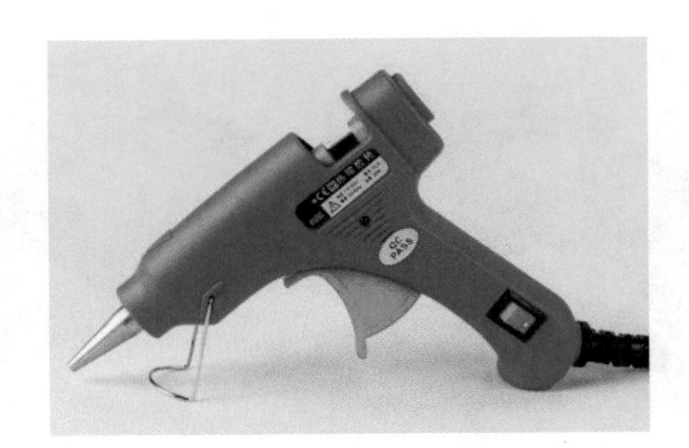

图 1-47　热熔胶

图 1-48　双面胶

7. 其他辅助材料

（1）草地粉。

草地粉主要指草粉和树粉，可用于树木和草地的制作，通过调和可制成多种绿化效果，是目前制作绿地环境常用的材料，如图 1-49 所示。

（2）发泡海绵。

发泡海绵也叫泡沫塑料，是以塑料为原料，经过发泡工艺制成的材料。其染色后可制成各种仿真程度极高的山体、建筑、岩石、丘陵、沙滩、树木等，如图 1-50 和图 1-51 所示。

（3）超轻黏土。

超轻黏土是纸黏土的一种，常用于室内空间模型的软装饰制作，具有捏塑容易、便于造型、环保无毒和可自然风干的特点，如图 1-52 所示。

（4）喷漆。

喷漆用于模型表面的上色，由于其气味刺激，黏在手上不易脱色，建议佩戴手套及口罩使用，如图 1-53 所示。

（5）雪糕棒。

雪糕棒具有易切割、切面光滑平整、富有弹性、不易变形开裂的特点，可用于庭院、护栏或建筑外观装饰的制作，如图 1-54 所示。

（二）室内模型制作的工具

1. 测绘工具

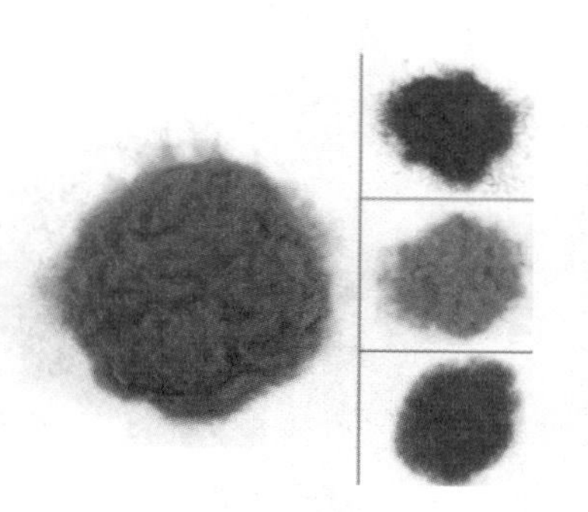

图 1-49　草地粉

图 1-50　发泡海绵

图 1-51　发泡海绵制作的丘陵

图 1-52　超轻黏土

图 1-53　喷漆

图 1-54　雪糕棒

测绘工具贯穿整个室内模型的制作过程，主要用于材料的测量、画线的工作。准确的测量可以得到准确的尺度，让模型更加精细。部分常用测绘工具如图 1-55 ~图 1-59 所示。

（1）直尺和三角板。

直尺和三角板主要用来测量水平线和垂直线的长度，也是画直线的必要工具。

（2）三棱尺。

三棱尺也叫比例尺，是按比例绘图和下料画线时不可缺少的工具。

（3）钢板角尺。

钢板角尺用于画垂直线、平行线与直角，也用于判断两个平面是否相互垂直。

（4）圆规。

圆规用来绘制圆或圆弧，常用于尺规作图。

（5）卷尺。

卷尺主要用于测量比较长的材料，常用的卷尺规格有 4 米、5 米和 10 米。

（6）丁字尺。

丁字尺也叫 T 形尺，为一端有横档的“丁”字形直尺。由互相垂直的尺头和尺身构成，一般采用透明有机玻璃或金属制作而成，在工程绘图时常配合绘图板使用。在模型制作中，主要用于测量尺寸和作为辅助切割的工具。

（7）游标卡尺。

游标卡尺常用于精确测量细部零件尺寸。

图 1-55　直尺

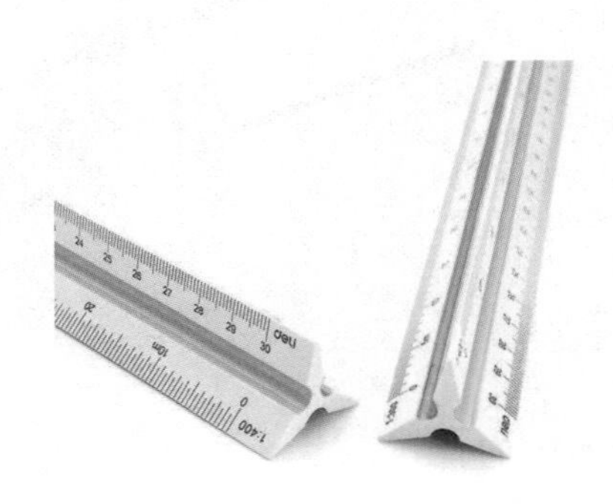

图 1-56　三棱尺

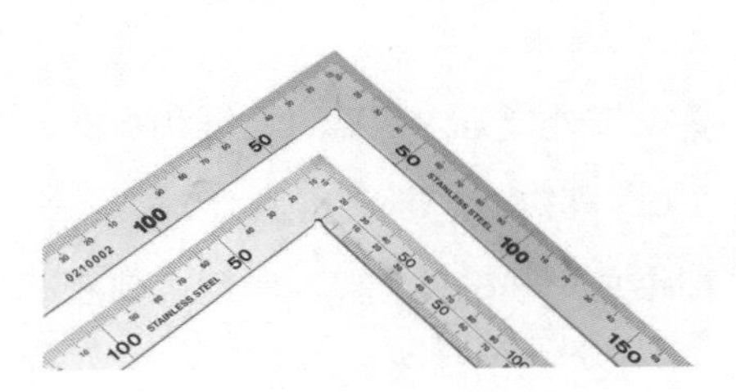

图 1-57　钢板角尺

图 1-58　卷尺

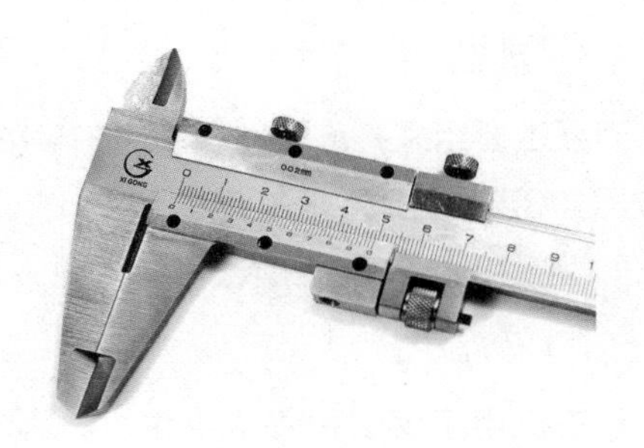

图 1-59　游标卡尺

2. 切割工具

部分常用切割工具如图 1-60 ~图 1-65 所示。

（1）美工刀。

美工刀又称为壁纸刀，在模型的制作过程中可以用来切割纸或塑料板等薄板状材料。

（2）雕刻刀。

雕刻刀是指各种具有尖端的钢材雕刻工具，其后部都有一个木柄，便于握得舒适，且通常是圆形的。雕刻刀刀刃有的是椭圆形断面，有的是菱形断面。刀刃的尖端长度和宽度由需要雕刻的线的深度和宽度决定。雕刻刀有各种大小和形状，可以用于模型的细部雕刻。

（3）勾刀。

勾刀也叫 P 形刀，常用于切割塑料板或亚克力板。

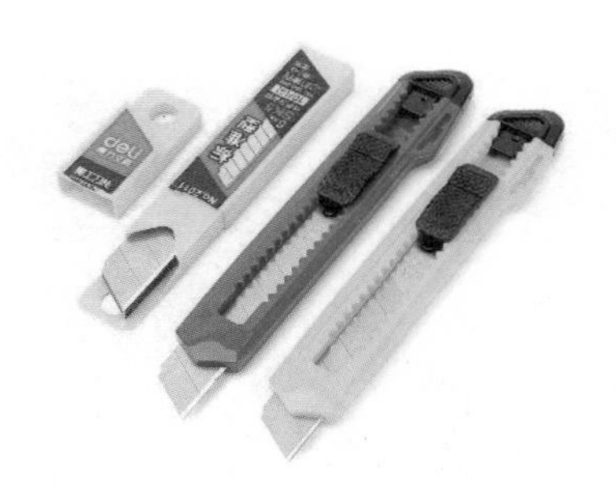
图 1-60 美工刀

图 1-61 雕刻刀

图 1-62 勾刀

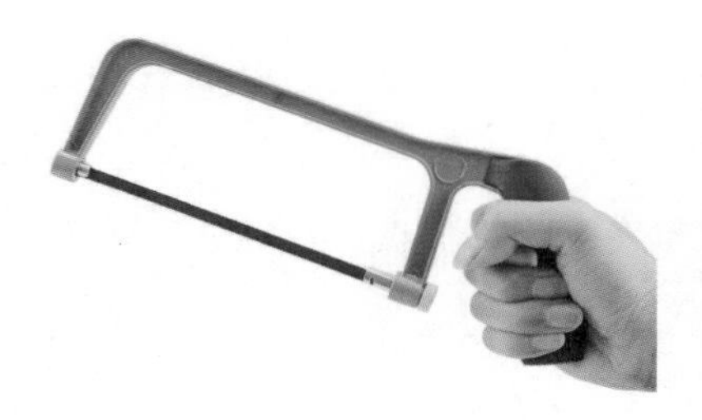
图 1-63 手锯

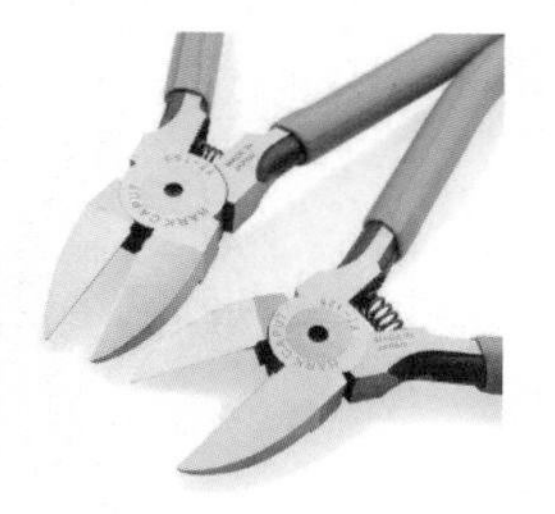
图 1-64 剪钳

图 1-65 迷你切割器

（4）剪刀。

剪刀在模型制作中，主要用来剪裁纸、卡纸等薄型材料。

（5）手锯。

手锯按外形分为直锯、弯锯和折锯，主要用于木质材料的切割。

（6）剪钳。

剪钳是一种机械工具，常用来剪断塑料或金属的连接部位。

（7）迷你切割器。

迷你切割器属于小马力的电动机具，常用于亚克力板、塑料、不锈钢与木板的切割。

（8）切割垫。

切割垫在用刀具时使用，是避免桌面被划的垫子。

3. 打磨修整和钻孔工具

打磨修整工具用于磨削和修整不同材料的表面、毛坯和锐边。钻孔工具用于在不同材料上出孔。

（1）砂纸。

砂纸主要用来打磨修整切割后不平整、光滑的材料表面，180 号、240 号、320 号的是木工用的粗面型；400 号、600 号、1000 号的是细面型，如图 1-66 所示。

图 1-66 砂纸

（2）砂轮机。

砂轮机用于磨削和修整金属或塑料部件的毛坯和锐边，常用于模型修边，如图 1-67 所示。

图 1-67 砂轮机

（3）锉。

普通锉按锉刀断面的形状分为平锉、方锉、三角锉、半圆锉和圆锉五种。平锉用来锉平面、外圆面和凸弧面；方锉用来锉方孔、长方孔和窄平面；三角锉用来锉内角、三角孔和平面；半圆锉用来锉凹弧面和平面；圆锉用来锉圆孔、半径较小的凹弧面和椭圆面。如图 1-68 所示。

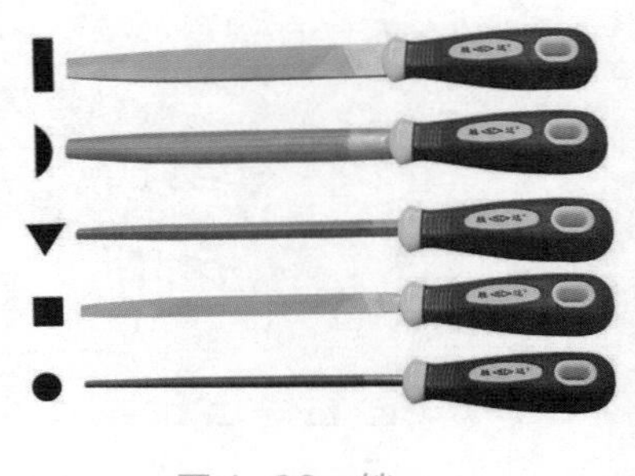

图 1-68　锉

（4）手持电钻。

手持电钻是一种钻孔工具，配合不同的孔嘴，能在不同材料上钻出不同大小的孔洞。

4. 其他辅助工具

（1）电吹风。

电吹风用于加速浇注材料的成型。

（2）镊子。

镊子能比较精准地夹取细小物品，提高模型的精度。如图 1-69 所示。

（3）注射器。

注射器主要用于对有机玻璃、塑料等材料注射水状黏合剂。

（4）电脑雕刻机。

电脑雕刻机也叫电脑数控雕刻机，主要用于精致地雕刻板材。电脑雕刻机及其雕刻的家具模型分别如图 1-70 和图 1-71 所示。

图 1-69　镊子

图 1-70　电脑雕刻机

图 1-71　电脑雕刻的家具模型

三、学习任务小结

通过本次课的学习，同学们对制作室内模型所用材料与工具有了全面的认识。在制作室内模型的过程中要选择合适的材料和工具，并注意材料和工具的有序摆放。课后，同学们要购买部分材料和工具，并熟悉其使用方法。

四、课后作业

制作一张表格，列举室内模型制作常用材料的优缺点。

室内模型的比例

教学目标

（1）专业能力：了解室内空间和家具的常用尺寸，了解室内模型制作常用比例。

（2）社会能力：了解人体工程学数据和家具尺寸数据。

（3）方法能力：资料收集、整理能力，设计数据分析、应用能力。

学习目标

（1）知识目标：了解室内空间和家具的常用尺寸，以及室内模型制作常用比例。

（2）技能目标：能够按照比例进行室内模型设计与制作。

（3）素质目标：培养严谨、细致的习惯。

教学建议

1. 教师活动

教师讲解室内空间和家具的常用尺寸，以及室内模型制作常用比例，并结合案例深化学生的认知。

2. 学生活动

聆听教师讲解，对室内空间和家具的常用尺寸，以及室内模型制作常用比例进行理解和应用。

一、学习问题导入

日常看到的不同建筑或室内模型大小不一，但整体看起来都非常和谐，这是什么原因呢？因为每个模型都按照一定的比例尺寸进行了缩小，使模型看起来既真实又美观。在模型制作过程中不仅要严格按照比例尺寸进行制作，还要遵守模型制作的原则，才能制作出好的模型作品。

二、学习任务讲解

1. 模型比例

模型比例是指模型和建筑与环境的实景尺度的比例。模型比例由使用目的、表现规模和表现细节程度决定，常见的模型比例有 1:50、1:200、1:1000、1:2000 等，模型的比例涉及面积、精度、成本等问题，由建筑景物的实际尺寸缩小而成，如图 1-72 ~图 1-79 所示。

如图 1-73 所示是厦门城市规划展览馆展示的翔安新机场规划模型，比例为 1:2000，模型采用机械电子设备精准地微缩了比例，制作精细、严谨，直观性强。如图 1-74 所示是模型比例为 1:150 的单体建筑模型，重点反映了建筑的空间关系和立面造型。

图 1-72　厦门城市规划展览馆模型（1 ：400）

图 1-73　翔安新机场规划模型（1 ：2000）

图 1-74　单体建筑模型（1 ：150）

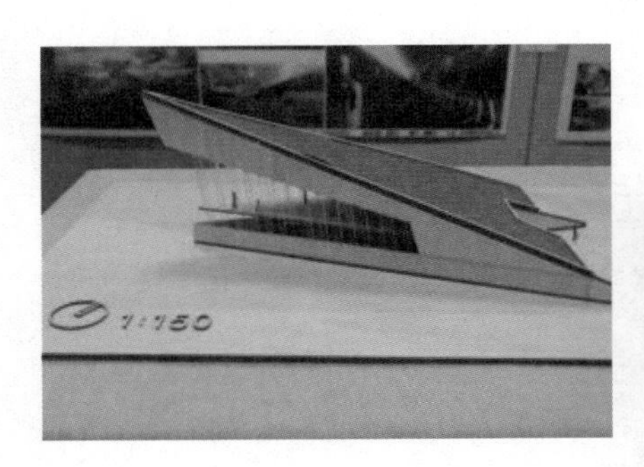

图 1-75　厦门工艺美术学院模型（1 ：520）

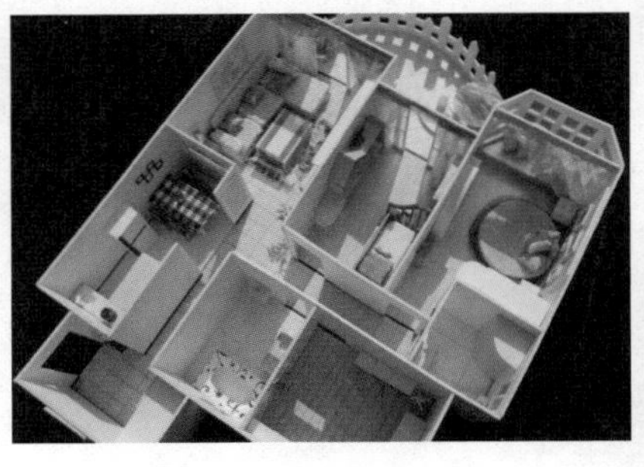

图 1-76　室内模型（1 ：25）

图 1-77　田园风格建筑模型（1 ：200）

图 1-78　别墅及花园模型 1（1∶50）

图 1-79　别墅及花园模型 2（1∶50）

2. 室内空间的常用尺寸（单位：cm）

（1）墙面。

① 踢脚板高：8 ~ 20。

② 墙裙高：80 ~ 150。

③ 挂镜线高：160 ~ 180。

（2）室内通道。

① 楼梯间休息平台净空高度：210。

② 楼梯过道净空高度：230。

③ 客房走廊高度：240。

④ 两侧设座的综合式走廊宽度：250。

⑤ 楼梯扶手高度：85 ~ 110。

（3）门洞、门窗。

① 准入户门洞：90×200。房间门洞：90×200。厨房门洞：80×200。卫生间门洞：70×200。

② 入户子母门：120×200。入户单门：90×200。室内门：宽度 80 ~ 95，高度 190。卫生间门、厨房门：宽度 70 ~ 80，高度 190 ~ 200。

③ 标准窗户。

客厅窗户：150×180 ~ 180×210。中等卧室窗户：120×150 ~ 150×180。大卧室窗户：150×180 ~ 180×210。卫生间窗户：60×90 ~ 90×140。

（4）厨房。

① 厨房吊柜高度：50 ~ 60。吊柜和操作台之间的距离：60 ~ 70。

② 厨房灶台高度：60 ~ 70。油烟机和灶台之间的距离：50 ~ 60。

（5）卫生间。

① 卫生间面积：3 ~ 5 m^2。

② 浴缸：长度 122、152 或 168，宽度 72，高度 45。

③ 坐便器：75×35。

④ 冲洗器：69×35。

⑤ 盥洗盆：55×41。

⑥ 淋浴器高度：210。

⑦ 化妆台：长度 135，宽度 45。

3. 家具的常用尺寸（单位：cm）

（1）茶几。

① 小型茶几（长方形）：长度 60 ~ 75，宽度 45 ~ 60，高度 38 ~ 50。

② 中型茶几（长方形）：长度 120 ~ 135，宽度 38 ~ 50 或者 60 ~ 75，高度 43 ~ 50。

③ 中型茶几（正方形）：长度 75 ~ 90，高度 43 ~ 50。

④ 大型茶几（长方形）：长度 150 ~ 180，宽度 60 ~ 80，高度 33 ~ 42。

⑤ 圆形茶几：直径 75、90、105 或 120，高度 33 ~ 42。

⑥ 前置型茶几：90×40×40。

⑦ 中心型茶几：90×90×400 或 70×70×40。

⑧ 左右型茶几：60×40×40。

（2）沙发。

① 单人式沙发：长度 80 ~ 95，深度 85 ~ 90，坐垫高 35 ~ 42，背高 70 ~ 90。

② 双人式沙发：长度 120 ~ 150, 深度 80 ~ 90。

③ 三人式沙发：长度 230 ~ 250，深度 80 ~ 90。

（3）橱柜类。

① 电视柜：深度 45 ~ 60，高度 60 ~ 70。

② 矮柜：深度 35 ~ 45，门宽度 30 ~ 60。

③ 衣橱：深度 60 ~ 65, 门宽度 40 ~ 65。

④ 推拉门：宽度 75 ~ 150，高度 190 ~ 240。

（4）床。

① 单人床：宽度 90、105 或 120，长度 180、186、200 或 210。

② 双人床：宽度 135、150 或 180, 长度 180、186、200 或 210。

③ 圆床：直径 186、212.5 或 242.4。

（5）餐桌、餐椅。

① 餐桌高度：75 ~ 79。

② 餐椅高度：45 ~ 50。

③ 圆桌直径：两人圆桌 50、两人圆桌 80、四人圆桌 90、五人圆桌 110、六人圆桌 110 ~ 125、八人圆桌 130、十人圆桌 150、十二人圆桌 180。

④ 方形餐桌：两人餐桌 70×85，四人餐桌 135×85，八人餐桌 225×85。

⑤ 中式餐桌高度：75 ~ 78。

⑥ 西式餐桌高度：68 ~ 72。

⑦ 一般方桌高度：120、90 或 75。

（6）办公用具。

① 办公桌：长度 120 ~ 160，宽度 50 ~ 65，高度 70 ~ 80。

② 办公椅：高度 40 ~ 45，长度 45，宽度 45。

③ 书柜：高度 180，宽度 120 ~ 150，深度 45 ~ 50。

④ 书架：高度 180，宽度 100 ~ 130，深度 35 ~ 45。

学习并熟记常用的室内空间尺寸，在模型定稿时，按照模型规模制定好比例，制作者可以根据室内空间及物品的实际尺寸，乘以模型比例数即可计算出模型需要的尺寸。如双人式沙发长度为 120 ~ 150 cm，高度为 80 ~ 90 cm，制作 1 ：30 的比例模型，用沙发的具体尺寸乘以 1/30 就可以得到 1 ：30 的双人沙发模型尺寸。

模型的比例计算，是模型制作中至关重要的环节，比例计算是否准确直接影响到模型制作的最终效果。例如制作者在缩放平面图时，没有从整体上进行比例缩放，而是进行各部位缩放，那么比例就会不统一，造成室内物品大小不一，从而使比例不协调。

三、学习任务小结

通过本次课的学习，同学们初步了解了室内空间和家具的常用尺寸，以及模型制作的比例。课后，同学们要熟记常用的室内空间和家具尺寸，提高对模型制作比例的敏感度，要多欣赏和分析不同类型、不同比例的室内模型作品的特点，找出其中的典型特征，理解作品的创作思路，深入挖掘作品的实用价值，全面提高自己的模型设计审美能力。

四、课后作业

收集 10 个优秀的不同比例的室内模型作品进行赏析，并以 PPT 的形式展示出来。

项目二

室内模型制作准备

室内模型制作方案设计构思

教学目标

（1）专业能力：培养学生室内模型制作方案设计构思能力。

（2）社会能力：了解室内空间及家具形体构造，提高动手操作能力。

（3）方法能力：培养概括能力，精确计算比例、精细绘图和创意表达能力。

学习目标

（1）知识目标：掌握室内模型制作方案设计构思的内容及原则。

（2）技能目标：能够计算、分析并采用合适的比例，进行模型制作准备。

（3）素质目标：培养严谨、细心的学习习惯，提高动手能力。

教学建议

1. 教师活动

（1）教师通过讲解和分析室内模型制作方案的内容和原则，开拓学生思路，指导模型制作方案设计构思，为模型制作做准备。

（2）引导学生通过查找室内设计及模型制作相关资料，培养学生善于思考、勤于实践、主动探究的学习精神。

2. 学生活动

（1）通过课堂实践操作和课后拓展，熟悉室内模型的设计要求，学会通过草图及相关软件表达设计意图。

（2）在教师的引导下，确定室内模型设计与制作方案，培养创新思维和空间想象力。培养善于探究、勤于实践的良好学习习惯。

一、学习问题导入

同学们好，室内模型制作是一个将设计图纸转化为实体空间的过程。通过室内模型制作，可以直观地展示室内空间的区域划分、界面造型和空间色彩。室内模型制作要先进行设计构思，确定好设计方案后再进行制作。

二、学习任务讲解

1. 室内模型制作方案设计构思

在室内模型制作之前，应该对模型的制作有一个构思和规划，这样在制作过程中才能做到有的放矢。方案设计构思的内容包括室内模型方案设计、比例与尺寸、色彩与材质等。

（1）室内模型方案设计。

室内模型方案设计可以先绘制平面方案草图，草图是设计师进行前期方案创作的概念性图纸，可以表现室内空间的布局，如图 2-1 所示。

草图也可以借助软件进行绘制，如Sketch Up、酷家乐等。Sketch Up是目前比较流行的建筑设计绘图软件，它主要用于建筑初步设计阶段，能快速建立虚拟三维模型。在室内模型方案设计阶段利用 Sketch Up 进行设计构思，可使构思不断清晰，细节不断完善。Sketch Up 也可以用于表现最终草图，它所提供的表现效果和尺寸、比例能满足室内模型的设计需求。Sketch Up 绘制草图和酷家乐绘制草图分别如图 2-2 和图 2-3 所示。

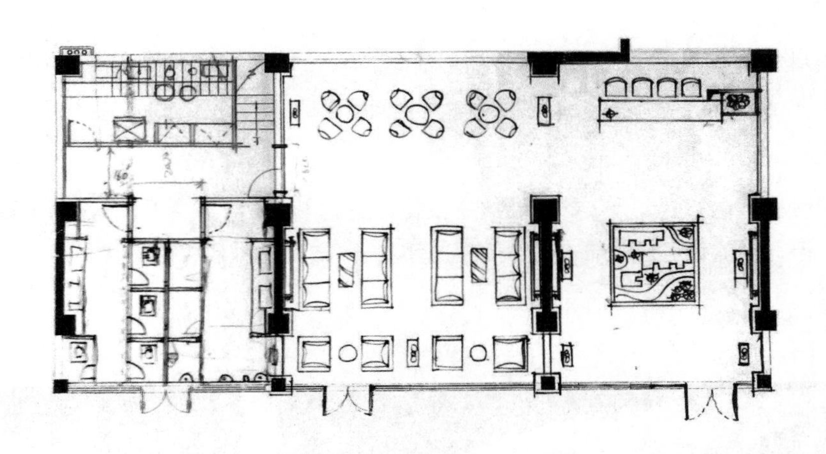

图 2-1　平面方案手绘草图

图 2-2　Sketch Up 绘制草图

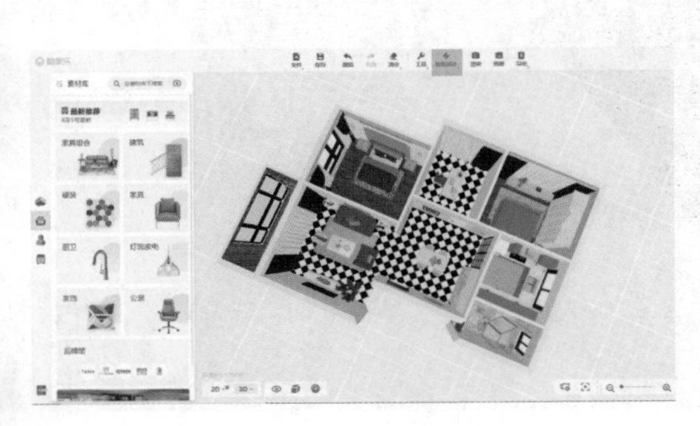

图 2-3　酷家乐绘制草图

（2）比例与尺寸。

模型的比例与尺寸的确定要遵循适量、适当的原则，室内模型根据模型的大小和种类可以采用 1 ∶ 50、1 ∶ 30、1 ∶ 25、1 ∶ 20 等比例。整个模型比例一定要保持一致，即家具、软装配饰的比例与墙体等其他部位应一致，如图 2-4 和图 2-5 所示。

图 2-4　室内模型（1 ∶ 20）

图 2-5　室内模型（1 ∶ 30）

（3）色彩与材质。

在模型制作中，材料的选择直接影响模型的品质，制作前需要了解模型常用材料的性能和加工方式，选择适合的材料进行模型制作。在材料的选择过程中需考虑不同材料之间的搭配效果以及连接方式，另外，所选材料在色彩、质感等方面要与室内空间的设计风格一致，如图 2-6 和图 2-7 所示。

2. 室内模型制作方案设计原则

（1）科学性原则。

室内模型制作应科学、客观地表现实际环境，不能有变形、夸张、失真等情况。模型制作应注意根据实际情况合理搭配材料，严格按照尺寸和比例进行缩小，尽可能真实地反应室内空间的风格、样式和形态。

（2）艺术性原则。

室内模型是一种设计表达方式，所以要求观赏性较强，且应具有一定艺术美感，室内模型既要表现室内空间，又要利用各种材料进行巧妙构思和精心制作，将其打造成一件微观艺术品，给人美的享受。

图 2-6　木质材料模型

图 2-7　白色 PVC 材料模型

（3）工艺性原则。

室内模型的制作和设计讲究工整和精细，在设计过程中应懂得材料的抛光、热塑、切割及家具仿真制作的方法。了解刮腻子、打磨、上色、喷漆等工艺流程，使模型在表面处理、体块连接、肌理表现等方面能够做到细致入微，如图 2-8 和图 2-9 所示。

（4）创新性原则。

室内模型设计是一个创造性活动过程，在模型方案设计阶段要不断尝试利用新材料、新工艺表现模型的效果，另外还可以灵活应用光电设备营造空间氛围，如图 2-10 和图 2-11 所示。

图 2-8　切割

图 2-9　粘贴

图 2-10　超轻黏土制成的彩色水果模型

图 2-11　黏土制成的工艺品模型

三、学习任务小结

通过本次课的学习，同学们初步了解了室内模型制作的方案设计构思，以及模型制作方案设计的原则。课后，同学们要多收集优秀的室内模型制作作品，分析其方案设计技巧和创意，提高室内模型方案设计能力。

四、课后作业

收集室内空间设计图样，根据图样按比例绘制 1 套完整的室内空间模型设计图纸，并标注详细尺寸与材料。

室内施工图绘制

教学目标

（1）专业能力：了解室内模型制作中室内施工图绘制的意义，掌握室内施工图绘制的方法与步骤。

（2）社会能力：培养学生严谨、细致的学习习惯，提升学生动手能力和电脑操作能力。

（3）方法能力：提升思维能力以及实践动手能力。

学习目标

（1）知识目标：掌握室内施工图绘制的规范、方法与步骤。

（2）技能目标：能运用手工绘制或电脑绘制的方式将室内施工图设计并绘制出来。

（3）素质目标：培养严谨、细致的学习习惯，提高个人审美能力和电脑操作能力。

教学建议

1. 教师活动

教师分析和讲解室内施工图绘制的意义与施工图设计方案的可行性，并用不同工具进行绘制，培养学生的判断能力和实践动手能力。

2. 学生活动

（1）认真领会和学习室内施工图绘制的方法。

（2）手工绘制或电脑绘制室内施工图。

一、学习问题导入

各位同学，大家好！今天我们一起来学习室内施工图的绘制。室内施工图是根据室内设计的空间布局、界面设计、造型剖面和节点工艺，以及室内设备线路要求而绘制的，是用于指导室内装饰施工的规范性图纸，室内设计空间布局如图 2-12 所示。室内施工图的绘制方法分为手工绘制和电脑绘制，但无论是哪种方法都必须按照一定的比例关系进行绘制，以保证建筑模型的统一性和准确性。接下来，我们一起来学习如何绘制室内施工图。

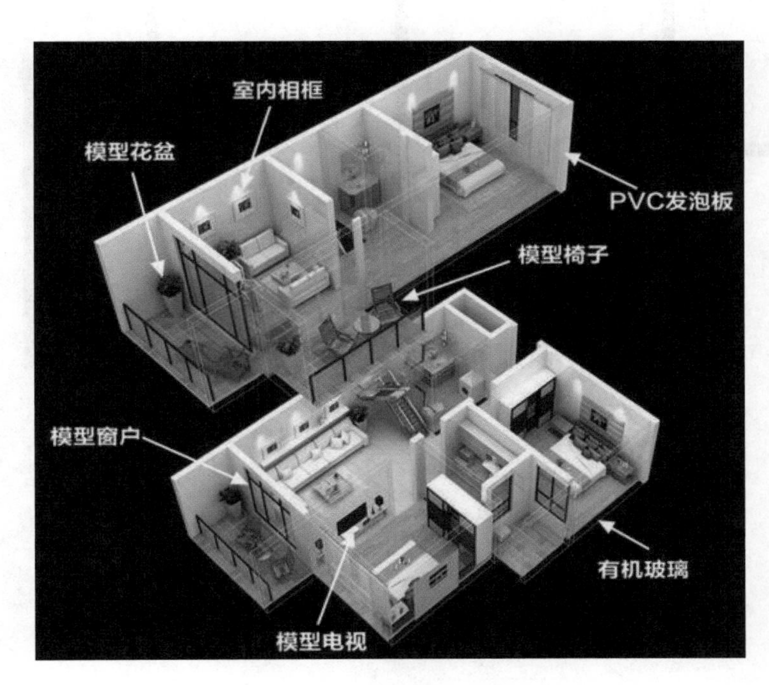

图 2-12　室内设计空间布局

二、学习任务讲解

1. 室内施工图绘制的意义

在设计方案最终确定后，需要绘制施工图，施工图可以准确地将室内平面、立面的尺寸表示出来，便于按图切割模型，常用的室内施工图比例有 1 ： 25、1 ： 30、1 ： 50 等。

2. 平面图绘制

平面图的绘制可以采取手工绘制和电脑绘制两种方法，绘制时要注意内外墙体的厚度、门窗的位置和家具的布置。电脑绘制平面图如图 2-13 所示。

3. 立面图绘制

室内模型是一个三维展示模型，室内立面造型是制作的重点，绘制立面图可以准确地表现出立面造型样式、尺寸关系和装饰材料，如图 2-14 所示。

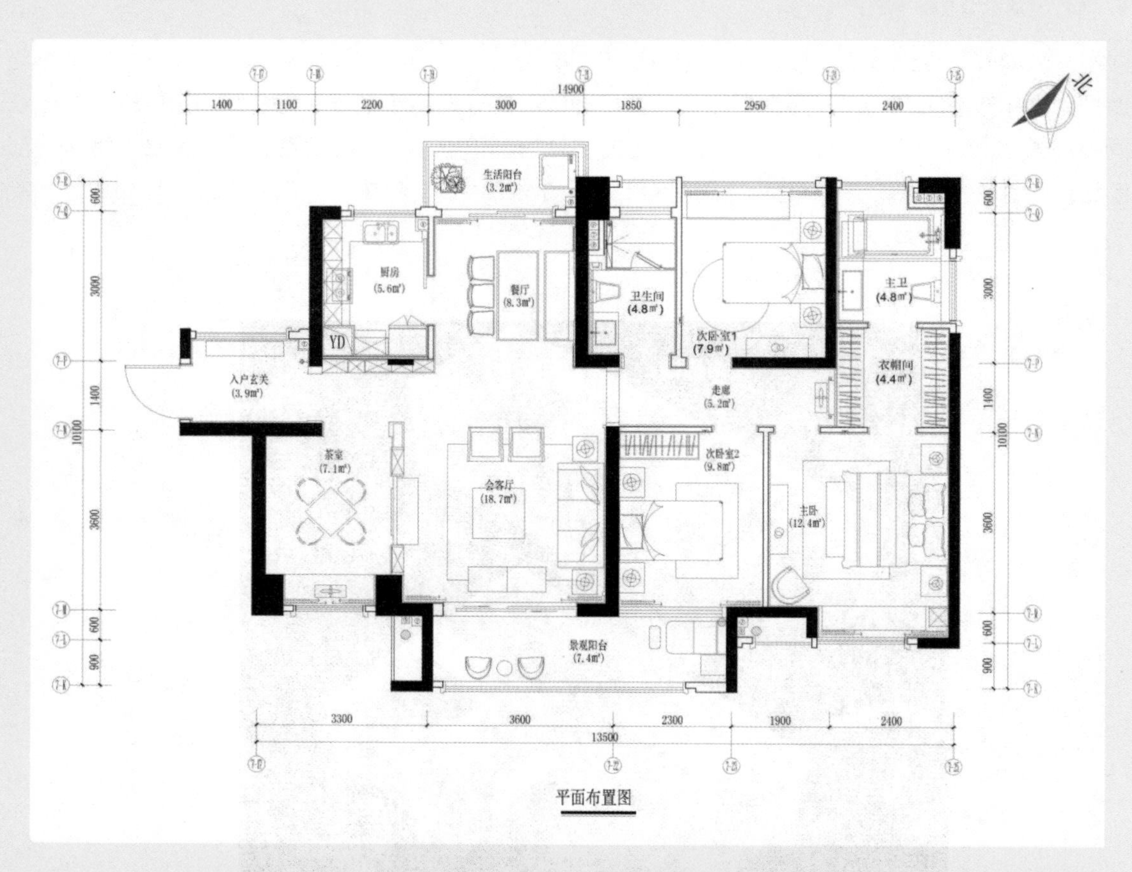

图 2-13 电脑绘制平面图

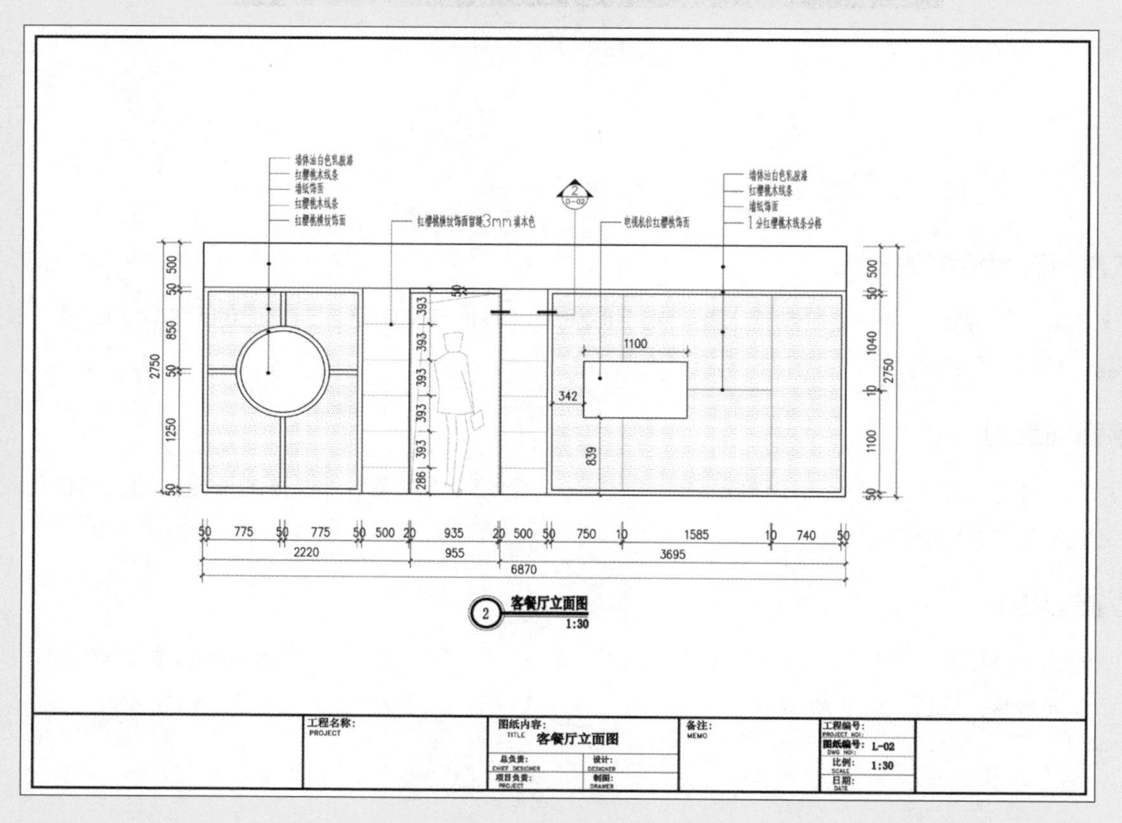

图 2-14 立面图

4. 施工图绘制分析

施工图的绘制有两种方式，具体见表 2-1，施工图绘制如图 2-15 所示。

表 2-1 施工图绘制分析

类别	绘制方式	优点	缺点	建议
手工绘制施工图	运用笔、纸、尺子等工具进行手工绘制	可以表现出施工图的艺术美感，使图面效果更加美观	耗时长并且上了墨线不宜修改	适合没有打印条件的情况
电脑绘制施工图	借助电脑绘图软件进行绘制	施工图更加精确、严谨	要熟悉画图软件并且后期要打印出图纸	适合对软件熟悉和有打印条件的情况

图 2-15　施工图绘制

三、学习任务小结

通过本次课的学习，同学们基本掌握了室内施工图的绘制方法，通过课堂实训提升了实践动手能力。课后，大家要多收集相关的室内施工图作品，并动手绘制施工图。

四、课后作业

每位同学绘制 1 张室内平面图和 1 张室内立面图。

室内模型创意表达

教学目标

（1）专业能力：了解室内模型在色彩、材质、主题等方面的创意表达方式。

（2）社会能力：培养学生自主学习和信息整合能力。

（3）方法能力：提升学生交流沟通能力、合作能力。

学习目标

（1）知识目标：了解室内模型的创意表达方式。

（2）技能目标：能运用不同材料创造性地制作室内模型。

（3）素质目标：培养对事物全方位的观察能力，以及动手制作能力。

教学建议

1. 教师活动

（1）教师收集不同类型的室内模型案例，利用多媒体、网络等手段展示，让学生感受这些作品的创意点。

（2）引导学生认真观察模型案例，分析并表达案例在创意表达方式上的特点。

2. 学生活动

（1）收集优秀室内模型案例，拓展眼界，培养主动学习和思考的能力。

（2）在教师的引导下，通过赏析不同室内模型案例的创意表达方式，学会运用不同的模型制作手法表达室内设计创意。

一、学习问题导入

室内模型制作既是培养室内设计能力的一种方式，也是表达室内设计创意的手段。室内模型的优点是可以利用各种材料制作出立体的室内空间，也可以通过制作过程训练学生们的动手能力，提高对室内空间结构和造型的深层次认识。

二、学习任务讲解

1. 室内模型材质创意

在室内模型创意表达中，材质的选择与设计最具有表现力，如图 2-16 和图 2-17 所示，利用纽扣模拟灶台的方式较为新颖。材质创意表达过程中可以选择加工方便，便于艺术化处理的材料，如用铁丝制作餐桌椅腿、用麻绳制作灯罩、用布制作靠垫等，如图 2-18 ~图 2-27 所示。

图 2-16　PVC 材质灶台模型

图 2-17　PVC 材质 + 纽扣灶台模型

图 2-18　铁丝 + 木质材质餐桌椅模型

图 2-19　麻绳 + 木质材质灯具模型

图 2-20　ABS 板制作的钢琴模型

图 2-21　橡皮泥结合布料制作的沙发模型

图 2-22　树枝装饰画模型

图 2-23　木质旋转楼梯模型

图 2-24　瓦楞纸制作的建筑模型

图 2-25　木条结合绿植制作的建筑模型

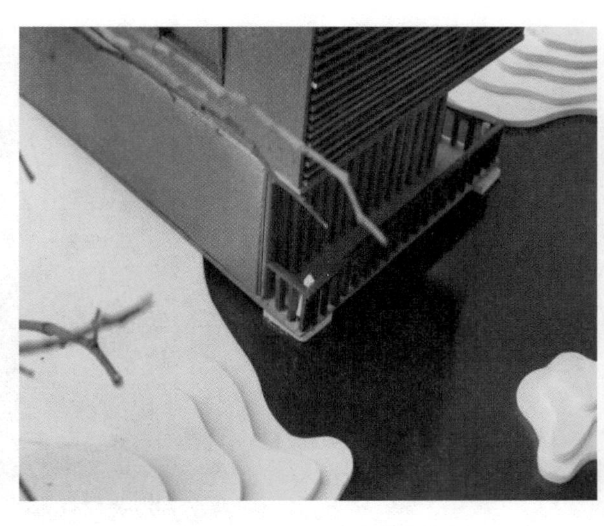

图 2-26　PVC 喷漆水体模型

图 2-27　布料结合金属制作的小场景模型

2. 室内模型肌理与质感创意

在室内模型中，不同的肌理与质感可以表达不同的设计风格，如粗糙的布料能表现出粗犷的自然主义风格。在模型制作过程中可以利用切割、打磨、涂刷与贴饰等手段来突出模型的特殊质感，如在 PVC 板上喷涂亮面油漆表现电视机的光滑质感，或在 PVC 板上贴墙纸表现木纹质感等，如图 2-28 ~图 2-34 所示。

图 2-28　综合材质客餐厅模型

图 2-29　PVC 喷漆洗手池模型

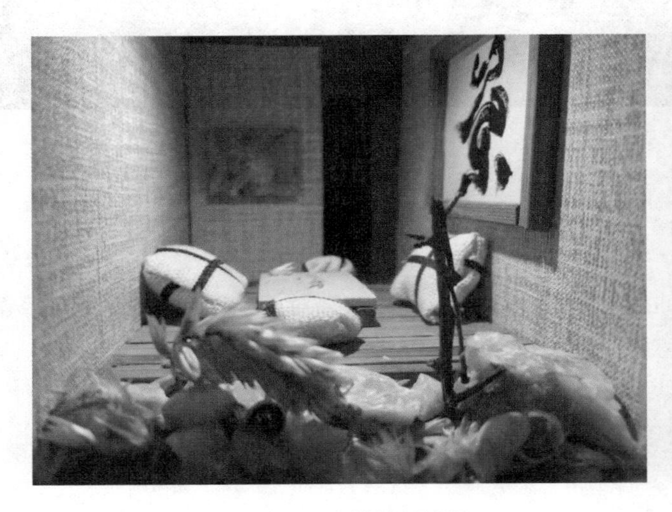

图 2-30　木纹贴纸模型

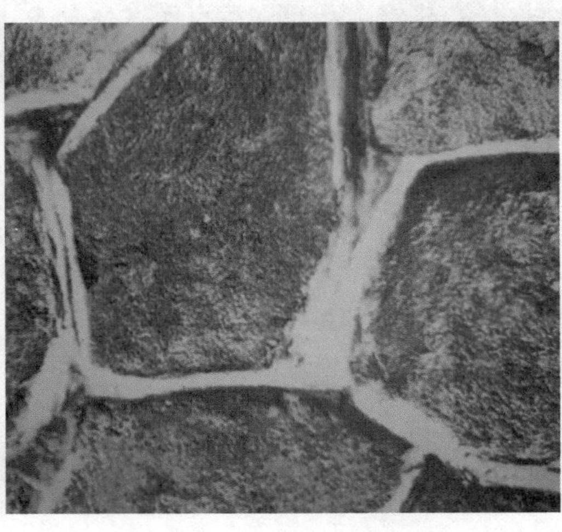

图 2-31　细沙文化石模型

图 2-32　光滑质感的皮沙发模型

图 2-33　粗糙质感的布艺床模型

图 2-34　瓦屋顶模型

3. 室内模型色彩创意

室内模型的色彩创意要求在模拟真实室内空间的基础上充分表现色彩的美观性，运用色彩对比、色彩调和的原理合理地设计室内模型色彩，做到大协调、小对比的色彩效果，如图 2-35 ~图 2-42 所示。

图 2-35　色彩缤纷的水果店模型

图 2-36　浪漫的紫色调室内模型

图 2-37　柔情的粉色调室内模型

图 2-38　清爽的蓝色调建筑模型

图 2-39　自然韵味的米色调室内模型

图 2-40　休闲的浅蓝色调室内模型

图 2-41　冷峻的黑色调室内模型　　图 2-42　多彩的田园风格室内模型

4. 室内模型软装配饰创意

室内软装包括家具、窗帘、灯具、地毯、花艺、绿植、陈设品、装饰画等。在进行室内模型软装制作和搭配的过程中尽可能利用身边小物件、小材料制作出造型精美的软装配饰，如利用干花和卡纸制作花艺模型；利用铁丝和树粉制作树模型；利用超轻黏土制作绿植和甜品摆件模型等，如图 2-43 ~图 2-55 所示。

图 2-43　花艺模型

图 2-44　树模型

图 2-45　茶台模型

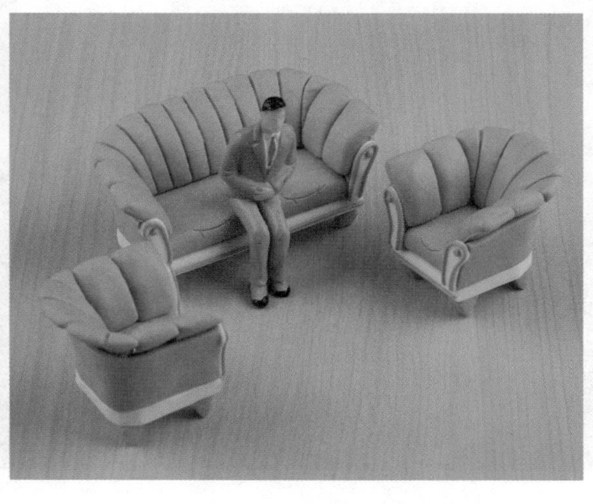

图 2-46　橡皮泥沙发模型

图 2-47　画室小场景模型

图 2-48　绿植模型

图 2-49　美食摊模型

图 2-50　布艺床模型

图 2-51　书店一角模型

图 2-52　钢琴模型

图 2-53　狗窝模型

图 2-54　门帘模型

图 2-55　灯光效果模型

三、学习任务小结

通过本次课的学习，同学们对于室内模型在材质、肌理与质感、色彩、软装配饰等方面的创意表达有了深入的了解。通过课堂实训，提高了动手能力。课后，同学们要多收集模型制作素材，创作出更多室内模型。

四、课后作业

运用合适的材料制作一个床模型。

室内模型风格表现

教学目标

（1）专业能力：了解室内模型不同的风格和表现手法。

（2）社会能力：培养学生学以致用、举一反三的能力，提升学生团队协作能力。

（3）方法能力：提升学生创意思维能力、时间管理能力和模型制作技巧。

学习目标

（1）知识目标：了解不同风格的室内模型的表现形式和制作方法。

（2）技能目标：能根据室内空间的特点选择合适的室内模型风格和表现手法。

（3）素质目标：锻炼观察、分析能力，以及动手制作能力。

教学建议

1. 教师活动

教师讲解不同风格室内模型的特点，并指导学生进行课堂实训。

2. 学生活动

认真聆听教师讲解不同风格室内模型的特点，并进行课堂实训。

一、学习问题导入

室内模型采用不同的材料和制作工艺可以表现出不同的风格，本次课通过不同风格室内模型案例的分析，来学习室内模型不同风格的表现手法，以及不同风格室内模型如何搭配不同材料进行表现。

图 2-56　现代简约风格室内模型 1

二、学习任务讲解

1. 现代简约风格室内模型

现代简约风格的特色是将造型、色彩、材料简化处理，表现出含蓄、内敛、时尚的空间品质。其空间和立面造型多采用直线，色彩以灰色系为主调，常用不锈钢、大理石、玻璃等光亮的材料。这种风格的模型常用 PVC 或亚克力板制作，采用几何抽象图案进行装饰，如图 2-56 和图 2-57 所示。

图 2-57　现代简约风格室内模型 2

2. 新中式风格室内模型

新中式风格常用对称式布局，多用木格栅、屏风来空间分割，色彩讲究对比，装饰材料以木材为主，搭配具有中式韵味的装饰元素，表现出朴素、雅致、中庸的文化内涵。新中式风格室内模型可用木板、木纹纸、木条等为主要材料，结合红色、蓝色的布料和褐色的家具进行制作，如图 2-58 ～图 2-60 所示。

图 2-58　新中式风格室内模型 1

图 2-59　新中式风格室内模型 2

3. 欧式风格室内模型

欧式风格以华丽的装饰、鲜艳的色彩、繁复的造型和装饰图案为主，达到奢华、富贵的装饰效果。欧式客厅常用大型灯池配以豪华吊灯营造气氛，天花板边角常用带花纹的石膏线，卧室墙面常用高档壁纸，客厅墙面和地面常用大理石和精美的地毯。欧式风格室内模型主材可以采用 PVC 或人造大理石板，色调以暖色为主，墙面可以贴墙纸或墙布，家具可以采用皮革，如图 2-61 ~图 2-63 所示。

4. 地中海风格室内模型

地中海风格一般选择自然柔和的色彩，在组合设计上注重空间搭配，充分利用每一寸空间，集装饰与应用于一体；在组合搭配上较为简约、大方、自然。色彩多采用蓝、白色调的纯正天然的色彩。地中海风格建筑的特点是墙面、桌面等常用石材的纹理来点缀；设计上非常注重装饰细节的处理，比如中间镂空的玄关，造型特别的灯饰、椅子等；地上、墙上、木栏上处处可见花草藤木形成的立体绿化；常采用手工漆刷白灰泥墙；等等。

地中海风格室内模型主材可以采用 PVC 板，色彩表现可以利用水彩上色，布艺设计可以使用蓝白相间的条纹布料，还可以使用白沙、珍珠、贝壳等海洋元素，如图 2-64 ~图 2-66 所示。

图 2-60　新中式风格家具模型

图 2-61　欧式风格室内模型 1

图 2-62　欧式风格室内模型 2

图 2-63　欧式风格室内模型 3

图 2-64　地中海风格室内模型 1

图 2-65　地中海风格室内模型 2

图 2-66　地中海风格室内模型 3

5. 田园风格室内模型

田园风格是一种贴近自然，展现朴实气息的设计风格。田园风格的核心是回归自然，推崇自然美，给人浓郁的自然气息。田园风格常用木、竹、石等天然材料，室内家具和布艺常使用碎花图案，表现安逸、舒适、休闲的空间氛围。

田园风格室内模型主材可以采用木板和碎花布料，木板有清晰的纹理，布料以棉、麻质感或带蕾丝、格子碎花的图案为主，家具采用原木材料，墙面装饰绿植或贴墙布，如图 2-67 ~图 2-69 所示。

图 2-67　田园风格室内模型 1

图 2-68　田园风格室内模型 2

图 2-69　田园风格室内模型 3

6. 日式风格室内模型

日式风格不推崇豪华奢侈、金碧辉煌，以淡雅节制、深邃禅意为境界，且重视实用性。日式风格色彩偏原木色，以竹、藤、麻等天然材料为主材，形成朴素的风格，家具造型简约，常常用绿色植物进行点缀。

日式风格室内模型主材可采用木板和竹，布料采用棉、麻、纱等材料，家具也多采用木质家具，同时可以结合榻榻米，利用麻绳设计的坐垫等作为装饰，如图 2-70 ～图 2-75 所示。

图 2-70　日式风格商业空间模型

图 2-71　日式风格家居空间模型

图 2-72　日式风格软装模型 1

图 2-73　日式风格软装模型 2

图 2-74　日式风格坐垫模型

图 2-75　日式风格纹样布

7. 工业风风格室内模型

工业风风格在设计上强调不过度修饰，甚至就让结构按原本的形状呈现，粗糙的砖墙、灰暗的水泥、蔓延的管线是常见的装饰元素。这种风格可以突显独特的个性，制造出工业时代的冷酷感。装饰上加入“生锈”“破旧”的物品，以暗红色搭配灰色为主调，表现出室内空间粗犷、自由、怀旧的氛围。

工业风风格室内模型主材可以采用在 PVC 板上喷哑光漆或者贴红砖图案墙纸制作，局部墙面可以用粗糙质感的麻布制作，家具可以用铁丝或机械零件制作，如图 2-76 和图 2-77 所示。

图 2-76　工业风风格室内模型 1

图 2-77　工业风风格室内模型 2

三、学习任务小结

通过本次课的学习，同学们对不同风格的室内模型的特点有了深入的了解，也学习了不同风格的室内模型使用的制作材料。课后，同学们要发挥创意和想象力，不断拓展思路，留心观察生活，选择一些特殊的材料进行室内模型风格表现。

四、课后作业

请自主选择一个风格主题，制作一个卧室模型。

室内模型制作程序

教学目标

（1）专业能力：了解室内模型制作的程序。

（2）社会能力：培养学生严谨、细致的学习习惯，提升学生动手能力和归纳分析能力。

（3）方法能力：激发学生创作思维能力以及提升实践动手能力。

学习目标

（1）知识目标：掌握室内模型制作的程序和方法。

（2）技能目标：能按照步骤制作现代风格室内模型。

（3）素质目标：培养严谨、细致的学习习惯，提高个人审美能力和动手能力。

教学建议

1. 教师活动

教师讲解室内模型制作的程序和方法，并指导学生进行模型制作练习。

2. 学生活动

认真领会和学习室内模型制作的程序和方法，在教师指导下进行模型制作实训。

一、学习问题导入

各位同学，大家好！今天我们一起来学习室内模型制作的程序和方法。室内模型制作首先要对制作方案进行构思，然后按照一定的流程和方法进行。方案的构思要结合具体的室内风格和制作材料。室内模型设计效果图如图 2-78 所示。

图 2-78　室内模型设计效果图

二、学习任务讲解

1. 室内模型制作设计

室内模型在制作前要进行系统的设计，包括室内模型风格、比例、规格、工具和材料等，见表 2-1。

表 2-1　室内模型制作设计

序号	项目	内容
1	模型的风格	现代简约风格、简欧风格、自然风格等（如图 2-79 ～图 2-82 所示）
2	模型的比例	1 ： 25、1 ： 30、1 ： 50、1 ： 100、1 ： 200 等
3	模型的规格	29 cm × 42 cm、38 cm × 54 cm
4	选用的工具、材料	工具：美工刀、勾刀、剪刀、比例尺、丁字尺、铅笔、砂纸、镊子、U 胶、白乳胶、双面胶、502 胶、马克笔、丙烯、喷漆等。 材料：5 ~ 20 mm 厚的 PVC 雪弗板、2 mm 厚的亚克力板、各类墙贴和地砖贴、模型草坪、草粉、树粉、各类布料等

图 2-79　现代简约风格室内模型

图 2-80　简欧风格室内模型 1

图 2-81　简欧风格室内模型 2

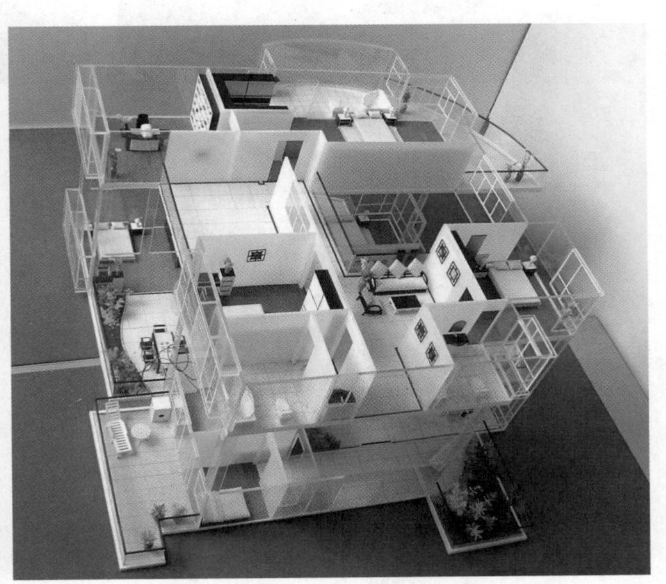

图 2-82　自然风格室内模型

2. 室内模型制作程序

室内模型的制作程序如下。

（1）模型方案设计，确定模型的风格以及大小。

（2）模型图纸放样，按照一定的比例将平面图绘制在模型底座上，并根据平面图切割墙体，再将立面图绘制在墙体上。

（3）将墙体粘贴成型，随后制作室内空间每个区域的地面装饰，可以用木地板、地毯、大理石薄片、地砖贴纸等材料来制作地板。

（4）制作门窗，根据立面图确定门窗位置，用 2 mm 厚的雪弗板切割出门框的造型并进行粘贴，可以根据设计方案喷漆或涂色；用 3 mm 厚的雪弗板切割出窗框的造型，用 0.5 mm 厚的亚克力板作为窗户玻璃，然后粘贴在一起。

（5）制作各个空间的家具和陈设，主要包括沙发、茶几、电视柜、床、床头柜、餐桌、餐椅、橱柜、衣柜、洗手台、马桶、窗帘、挂画、绿植等。家具和陈设要严格按照比例进行制作，要利用多种材料，如棉、麻、布、木板、金属等，表现出家具与陈设的样式和质感，如图 2-83 ~ 图 2-86 所示。

（6）对模型进行拍照或录像。

图 2-83　家具模型 1

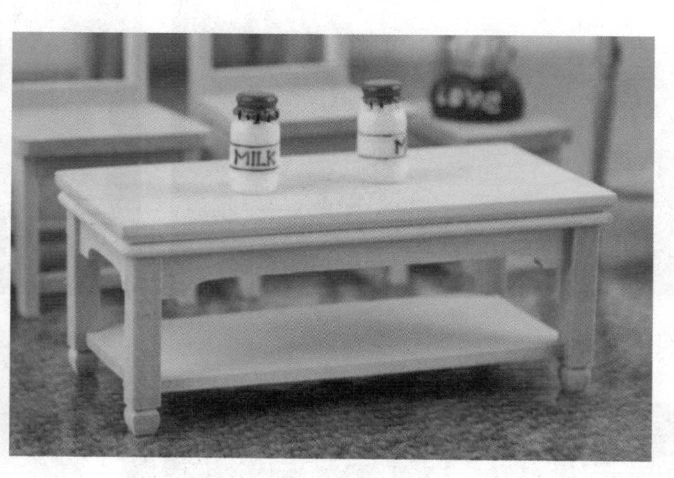

图 2-84　家具模型 2

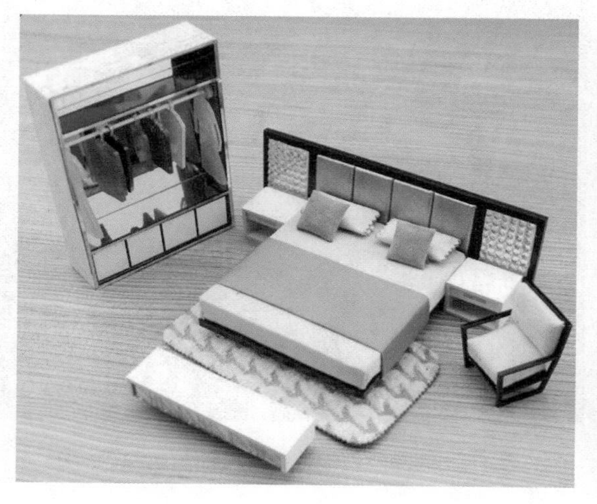

图 2-85　家具模型 3

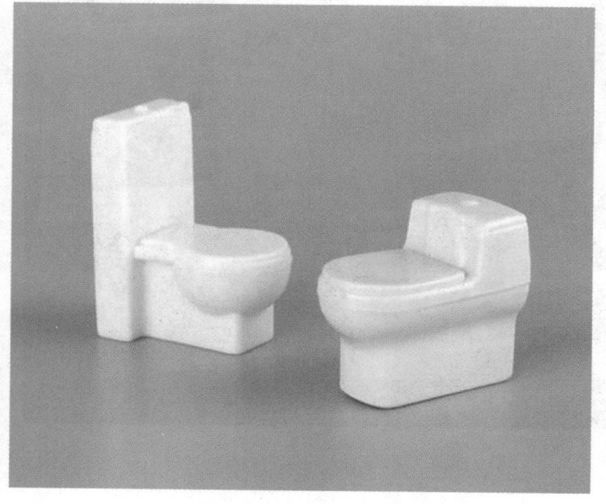

图 2-86　家具模型 4

三、学习任务小结

通过本次课的学习，同学们基本掌握了室内模型的制作程序和方法，通过课堂实训提升了创意思维能力和实践动手能力。课后，大家要多收集优秀的室内模型作品，并动手实践，尝试不同风格的模型制作。

四、课后作业

每位同学制作一套沙发模型。

项目三

单体模型设计与制作

墙体与门窗模型制作

教学目标

（1）专业能力：了解墙体与门窗模型的制作材料，掌握墙体与门窗模型的制作方法与步骤。

（2）社会能力：培养学生严谨、细致的学习习惯，提升学生动手能力。

（3）方法能力：提高学生创意思维能力、实践动手能力。

学习目标

（1）知识目标：掌握墙体与门窗模型的制作规范、方法与步骤。

（2）技能目标：能运用不同材料制作墙体与门窗模型。

（3）素质目标：培养严谨、细致的学习习惯，提高个人审美能力和动手能力。

教学建议

1. 教师活动

教师通过分析和讲解墙体与门窗模型的制作工艺、材料、方法和步骤，培养学生的实践动手能力。

2. 学生活动

（1）认真领会和学习墙体与门窗模型的制作方法。

（2）能运用不同材料制作墙体与门窗模型。

一、学习问题导入

各位同学，大家好！今天我们一起来学习墙体和门窗模型的制作方法和步骤。墙体和门窗是建筑模型的外形，也是整个建筑模型的骨骼和框架，如图 3-1 所示。现实中建筑的墙体和门窗的材料主要有混凝土、瓷砖、钢化玻璃、钢结构等。墙体和门窗模型可以用接近真实建材质感的材料来制作，但是必须符合墙体和门窗的比例、尺寸和造型，保证建筑模型的准确性。接下来，我们一起来学习如何制作墙体和门窗模型。

图 3-1 建筑模型墙体与门窗

二、学习任务讲解

1. 墙体与门窗模型制作应注意的问题

墙体和门窗在建筑模型中占的比重较大，是建筑的框架和基础。在墙体和门窗模型制作时首先要严格按照建筑平面图、立面图的尺寸按比例绘制墙体和门窗的图纸，保证墙体和门窗的尺寸准确，比例适当。其次，要选择和准备好材料和工具，制作墙体和门窗模型的材料包括 PVC 雪弗板、卡纸、纸皮板、亚克力板、泡沫板、木板、有机玻璃等；常用工具包括垫板、尺子、美工刀、胶水、铅笔、马克笔、砂纸等。常用比例有 1 ： 20、1 ： 25 和 1 ： 30。

常用的制作墙体和门窗模型材料的优缺点见表 3-1。

表 3-1 常用的制作墙体和门窗模型材料的优缺点

材料的种类	优点	缺点	建议
卡纸和纸皮板	容易切割，制作简单	纸类材质比较柔软，容易出现墙体塌陷现象，同时纸类材质不防水，容易发霉，不能长期保存	建议使用该材料来制作造型简单的模型
木板和亚克力板	木板质地坚硬，结构硬朗，所做模型存放时间长。亚克力板透明效果好，适合制作窗户	材料比较坚硬，需要借助专业的工具来进行切割，木板需要借助锯子，亚克力板需要借助专门刀具或精雕机，对切割工具要求比较高	配备专业工具进行模型制作
PVC 雪弗板和 ABS 板	属于中等材质，柔软度适中，可塑性强。可用专业精雕机切割，也可用手工美工刀切割，板面整齐光亮	PVC 雪弗板不透明，不能全方位展示室内效果	适合学生手工制作模型使用

2. 墙体与门窗模型制作步骤

墙体与门窗模型制作具体包括以下步骤。

第一步：用铅笔在 PVC 雪弗板上按照建筑尺寸等比例画出墙体高度、长度和门窗的位置，如图 3-2 所示。

第二步：用美工刀和靠尺将门窗的洞口切出来，注意保持切口的平滑度，如图 3-3 所示。

图 3-2　墙体与门窗模型制作步骤 1

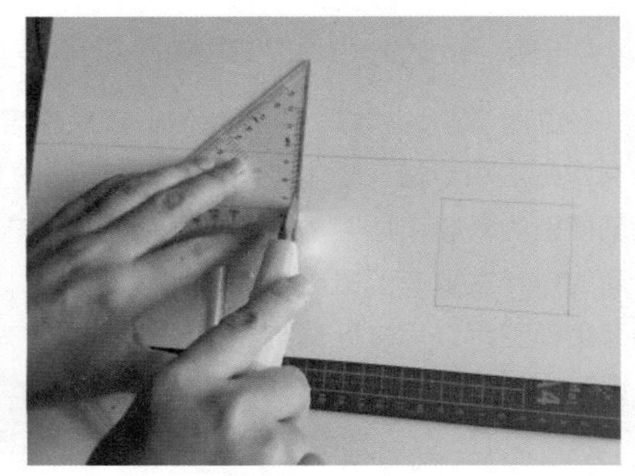

图 3-3　墙体与门窗模型制作步骤 2

第三步：为了使切面更平整，可以使用细砂纸对墙体与门窗切口处进行打磨，如图 3-4 所示。打磨完成后的墙体与门窗效果如图 3-5 所示。

第四步：画窗框。在切出来的窗户上用铅笔画出窗框，如图 3-6 所示。

第五步：制作窗框。按照窗框图案，将窗框切割出来，如图 3-7 所示。

第六步：切割窗框。沿着窗框的侧面，将窗框一分为二，如图 3-8 所示。切割后的窗框效果如图 3-9 所示。

第七步：做透明窗户。切一块与窗框同样大小的亚克力板，并用胶水和窗框黏结在一起，做成透明窗户，如图 3-10 和图 3-11 所示。

第八步：为透明窗户贴膜。将灰色的塑料薄膜粘贴到亚克力板窗户上，如图 3-12 所示。

第九步：制作门框。先用铅笔画出门框，然后用切刀将门框切割出来，如图 3-13 所示。将切割好的门框用细砂纸打磨光滑，如图 3-14 所示。

第十步：门框着色。将门框刷成深灰色，然后将门框贴在门洞上，如图 3-15 和图 3-16 所示。

图 3-4　墙体与门窗模型制作步骤 3

图 3-5　打磨完成后墙体与门窗效果

图 3-6　墙体与门窗模型制作步骤 4

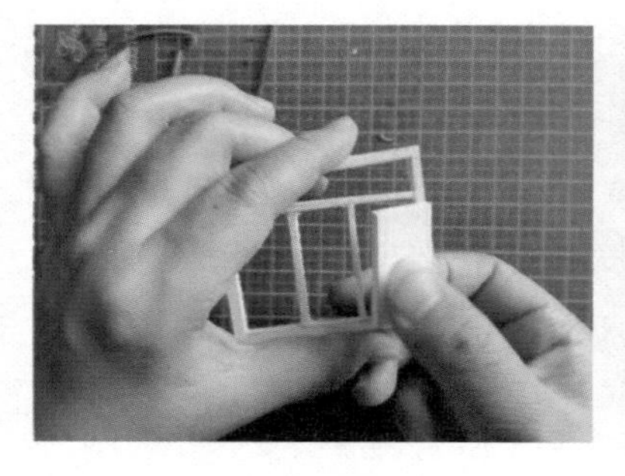

图 3-7　墙体与门窗模型制作步骤 5

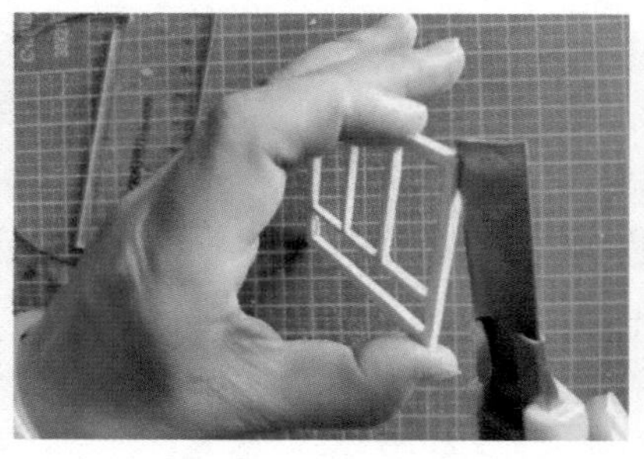

图 3-8　墙体与门窗模型制作步骤 6

图 3-9　切割后的窗框效果

图 3-10　墙体与门窗模型制作步骤 7

图 3-11　黏结后的透明窗户效果

图 3-12　墙体与门窗模型制作步骤 8

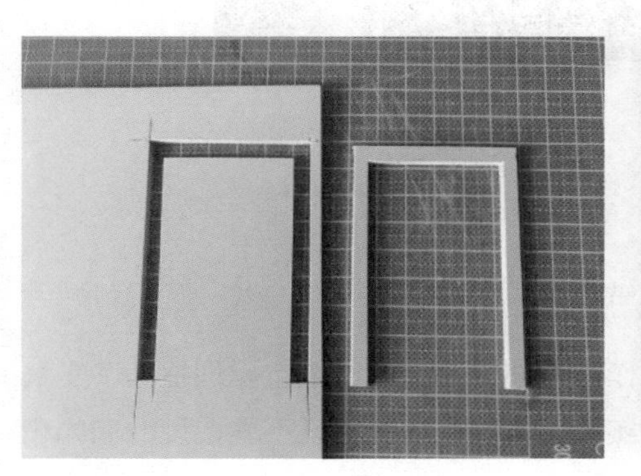

图 3-13　墙体与门窗模型制作步骤 9

图 3-14　打磨门框

图 3-15　墙体与门窗模型制作步骤 10

图 3-16　将门框贴在门洞上

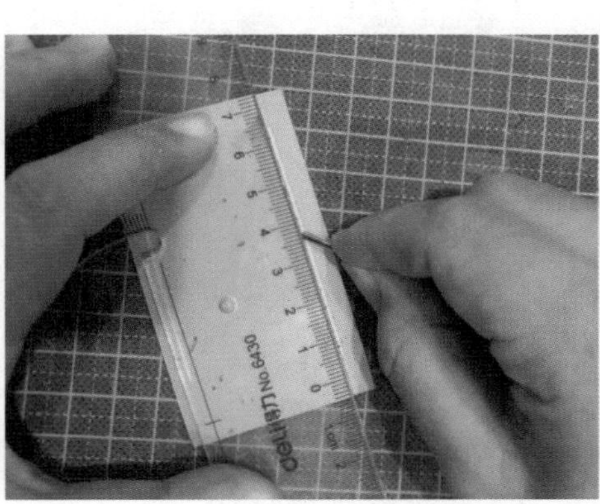

图 3-17　墙体与门窗模型制作步骤 11

图 3-18　粘贴门扇

第十一步：制作门扇。切一块和门洞大小相同的板材，刷成深灰色，再用白色笔画出门饰面装饰图案，并将其粘贴到门框内，如图 3-17 和图 3-18 所示。

门窗的制作也可以选用其他材料，如图 3-19 所示。

图 3-19　各种材料和样式的门

三、学习任务小结

通过本次课的学习，同学们基本掌握了建筑模型墙体和门窗的制作方法与流程，通过课堂实训提升了实践动手能力。课后，大家要多收集墙体和门窗模型制作的材料，并动手实践，尝试不同风格、不同造型的墙体和门窗的制作。

四、课后作业

（1）收集 5 种墙体和门窗模型的制作材料。

（2）制作 1 面单面墙体、1 扇门和 1 扇窗的模型。

沙发模型制作

教学目标

（1）专业能力：具备沙发模型的制作能力。

（2）社会能力：了解沙发的样式和造型特点。

（3）方法能力：培养学生家具设计的美感，提升学生动手能力。

学习目标

（1）知识目标：掌握沙发模型的制作方法和步骤。

（2）技能目标：能选用合适的材料制作沙发模型。

（3）素质目标：培养观察与思考能力。

教学建议

1. 教师活动

（1）教师示范沙发模型的制作方法，并指导学生进行制作练习。

（2）利用微课短视频与沙发模型制作流程图让学生学习如何制作沙发模型。

2. 学生活动

（1）观看教师示范沙发模型的制作方法，并进行制作练习。

（2）选择合适的沙发样式进行再创作与模型制作，提升动手能力和创新设计能力。

一、学习问题导入

在室内模型设计与制作中，沙发是必不可少的单体家具模型，沙发的风格和样式众多，要根据其风格特点选用合适的材料进行制作。同时，要注意控制好沙发的比例和尺寸，如图 3-20 所示。

图 3-20　沙发模型

二、学习任务讲解

1. 沙发模型制作方法

方法一：手工设计并制作（简称 DIY）。根据室内空间的风格与具体比例，搜集合适的材料，经过设计打稿、放样、裁切、拼接、粘贴等步骤制作而成，通常适用于简约风格或功能多样化的沙发模型制作。

方法二：购买白色模型（简称白模）进行后期加工。根据室内空间的风格与具体比例，购买合适的半成品白色模型，进行喷漆、绘制或添加抱枕等来增加沙发的真实度。通常适用于中式家具、欧式家具中较为复杂的沙发模型。

各种样式的沙发模型如图 3-21 ~图 3-24 所示。

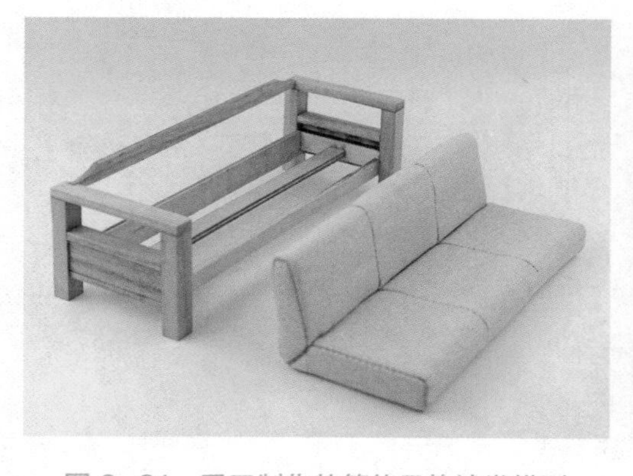

图 3-21　手工制作的简约风格沙发模型

图 3-22　欧式沙发模型（半成品）

2. 沙发模型制作步骤

步骤一：按照 1 ： 30 的放样比例绘制实物长度为 1800 mm，高度为 900 mm 的三人位沙发，并切割出沙发所需板材，用酒精胶水把前望板（承托座板的前板）和座板粘牢。剪出合适的布料，且每边预留多一点，如图 3-25 所示。

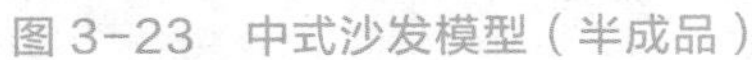

图 3-23　中式沙发模型（半成品）

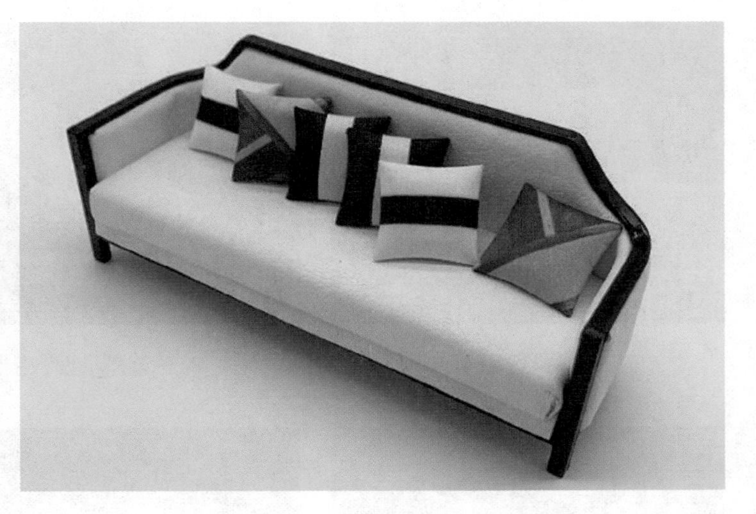

图 3-24　中式沙发模型（成品）

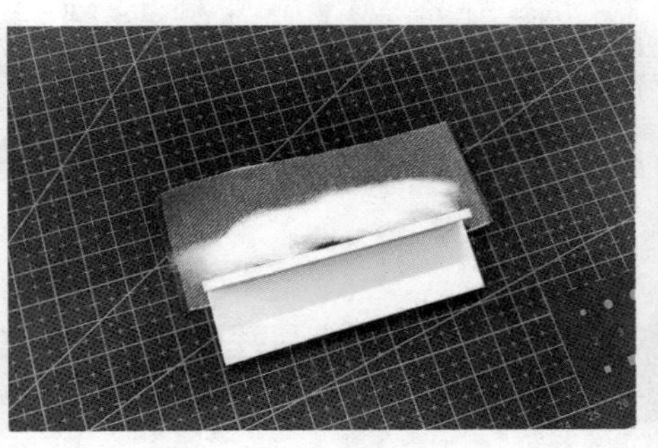

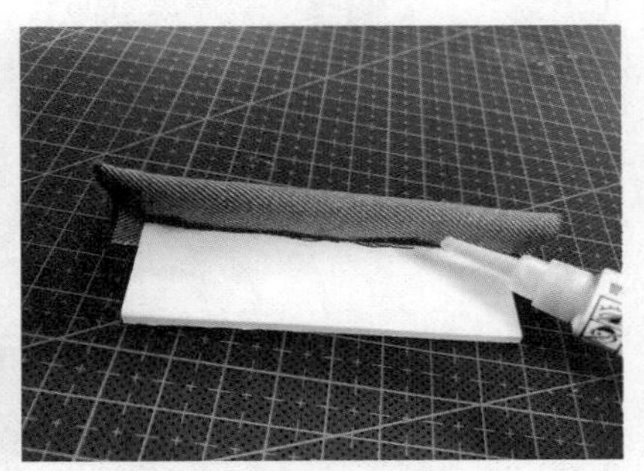

图 3-25　沙发模型制作步骤 1

步骤二：用酒精胶水把布料粘在座板上，放入适量的棉花，让座板更舒适蓬松，再用酒精胶水把布料的边角折起，与座板粘牢，如图 3-26 所示。

步骤三：剪出适合靠背板大小的布料，且每边预留多一点。用胶水把布料粘在靠背板上，如图 3-27 所示。

步骤四：在座垫板上放入适量的棉花，盖上布料，将左右两边的布料翻折进去用胶水粘牢，如图 3-28 所示。

步骤五：剪出适合沙发扶手大小的布料，放入适量的棉花，将边缘翻折粘牢。最终完成沙发模型的制作，如图 3-29 所示。

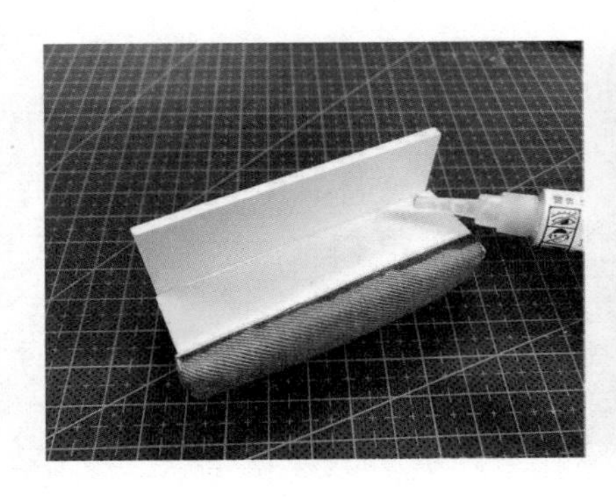

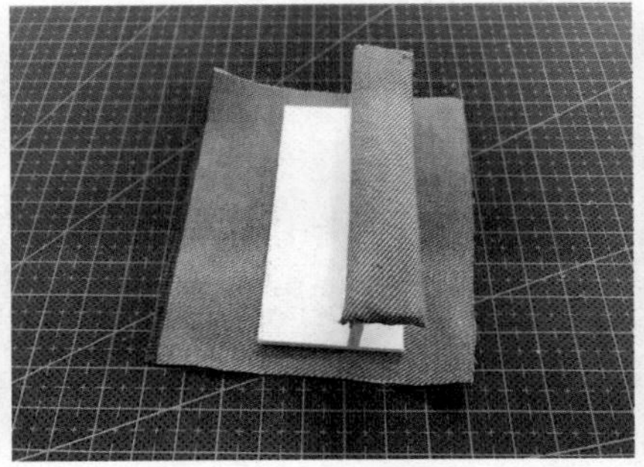

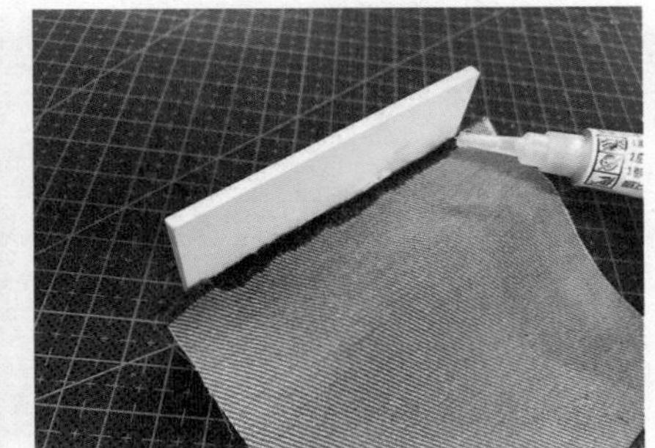

图 3-26　沙发模型制作步骤 2

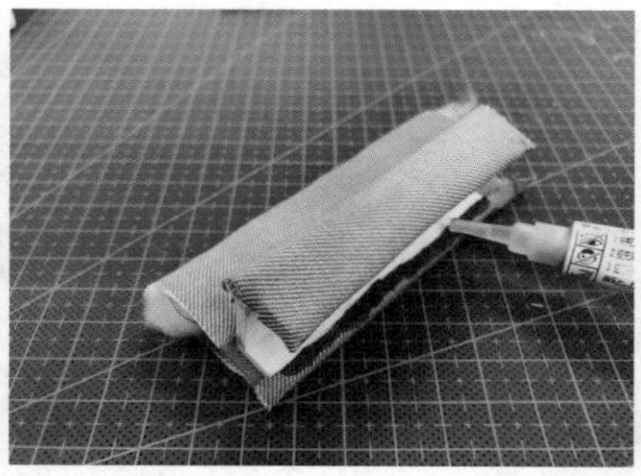
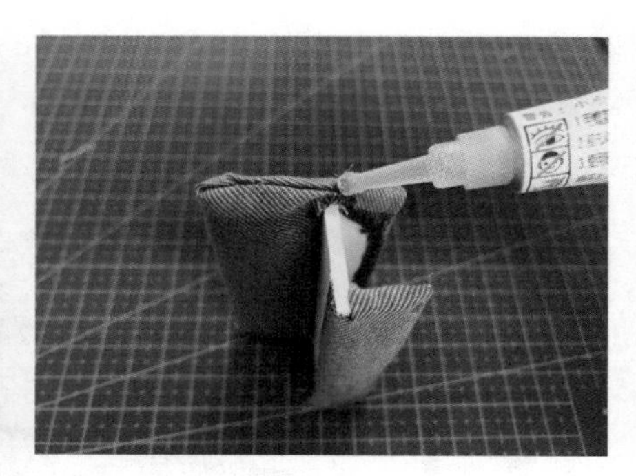

图 3-27　沙发模型制作步骤 3

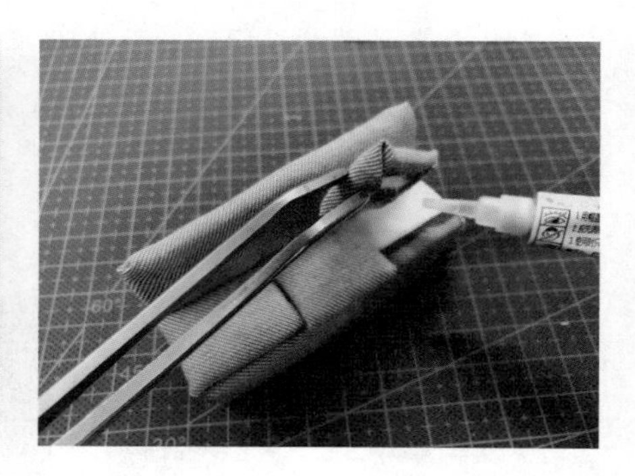

图 3-28　沙发模型制作步骤 4

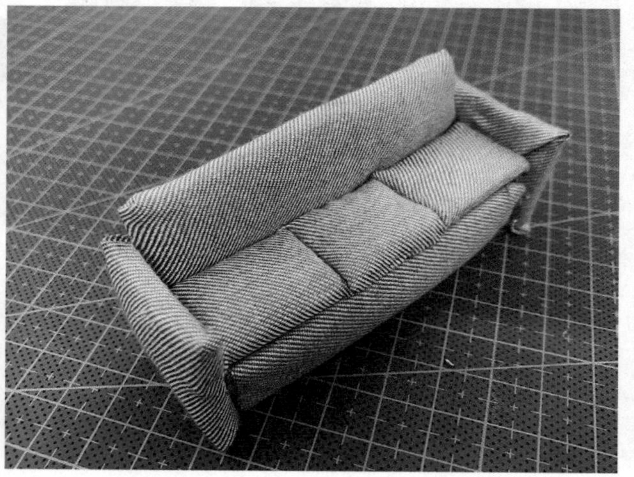

图 3-29　沙发模型制作步骤 5

三、学习任务小结

通过本次课的学习，同学们基本掌握了沙发模型的制作步骤。课后，同学们可以选用不同的材料制作不同样式的沙发，在沙发上的布艺纹理方面表现更加丰富的效果，提高自己的模型制作能力。

四、课后作业

制作一款田园风格沙发模型。

组合柜模型制作

教学目标

（1）专业能力：了解组合柜模型的制作方法与步骤。

（2）社会能力：培养学生的分析能力以及严谨、细致的学习习惯，提升学生动手能力。

（3）方法能力：启发学生创意思维能力。

学习目标

（1）知识目标：掌握组合柜模型的制作规范、方法与步骤。

（2）技能目标：能运用不同材料制作出各种类型的组合柜模型。

（3）素质目标：培养严谨、细致的学习习惯，提高个人审美能力和动手能力。

教学建议

1. 教师活动

教师讲解组合柜模型的制作工艺、材料、方法和步骤，指导学生实训。

2. 学生活动

认真领会和学习组合柜模型的制作方法，在教师指导下进行实训练习。

一、学习问题导入

各位同学，大家好！今天我们一起来学习组合柜模型的制作方法和步骤。柜子是室内空间的主要家具，具有储藏和收纳功能，例如进门的鞋柜、客厅的电视柜、厨房的橱柜、卧室的衣柜等都是必备的家具。柜子模型制作的主材包括实木、卡纸类、塑料、黏土、PVC 雪弗板等。

二、学习任务讲解

1. 组合柜模型制作分析

组合柜在室内模型中较为常见，例如客厅中的组合柜有电视柜、五斗柜、酒柜、餐边柜；卧室中的组合柜有衣柜、床头柜；另外还有橱柜、书柜、展示柜等。组合柜都有严格的尺寸和造型样式，制作时要根据室内模型空间的比例进行等比例缩小，同时，也要与室内空间的整体风格相一致。

2. 组合柜模型制作步骤

以简约式组合电视柜模型的制作为例，如图 3-30 所示。

图 3-30　简约式组合电视柜模型

所需的材料：PVC 雪弗板、垫板、尺子、美工刀、胶水、马克笔、砂纸等。

比例：1 ：25。

步骤一：根据组合柜模型的设计方案将组合柜的每块面板尺寸用铅笔在 PVC 雪弗板上绘制出来，如图 3-31 所示。

步骤二：用美工刀和尺子将每块面板都切割出来，如图 3-32 所示。

步骤三：每块面板切割出来后，摆放整齐，避免遗漏，如图 3-33 所示。

步骤四：逐一将每个柜的板材用双面胶粘贴起来，如图 3-34 所示。

步骤五：将全部组合柜用双面胶粘贴起来，如图 3-35 所示。

步骤六：对每个柜子的每块板材进行工整度、美观度的修整，如图 3-36 所示。

步骤七：用小棍子或小铁丝将柜面压出纹理，然后用马克笔上色，如图 3-37 所示。

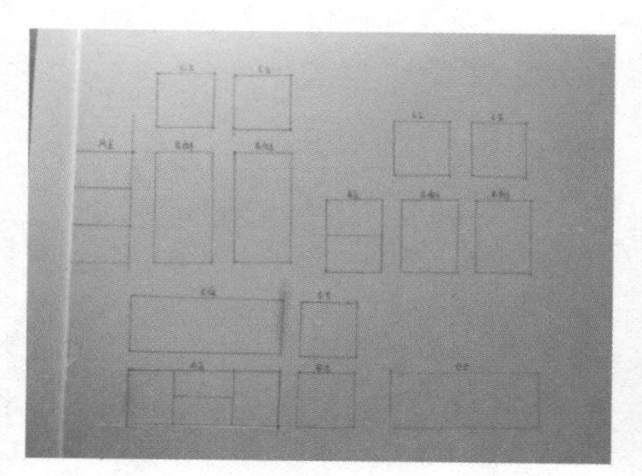

图 3-31　组合柜模型制作步骤 1

图 3-32　组合柜模型制作步骤 2

图 3-33　组合柜模型制作步骤 3

图 3-34　组合柜模型制作步骤 4

图 3-35　组合柜模型制作步骤 5

图 3-36　组合柜模型制作步骤 6

步骤八：将柜子的边框上色，如图 3-38 所示。

步骤九：在剩余的板材里切割出一些小方块将其上色作为柜子的把手，如图 3-39 所示。

步骤十：逐一检查单个柜子的完成效果，进行打磨处理，如图 3-40 所示。

步骤十一：检查最后的成品，注意摆放不要太紧凑，如图 3-41 所示。

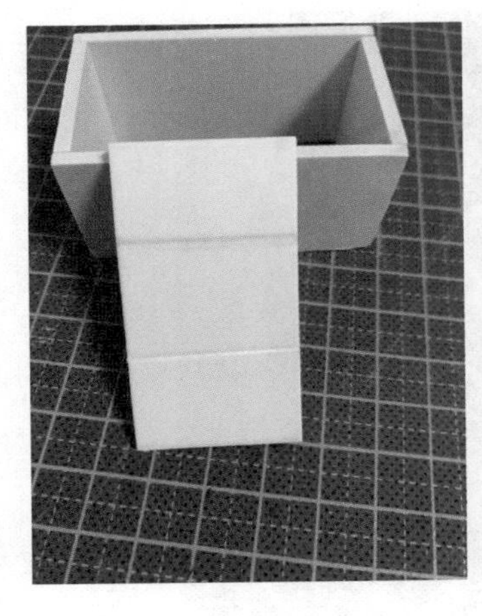

图 3-37　组合柜模型制作步骤 7

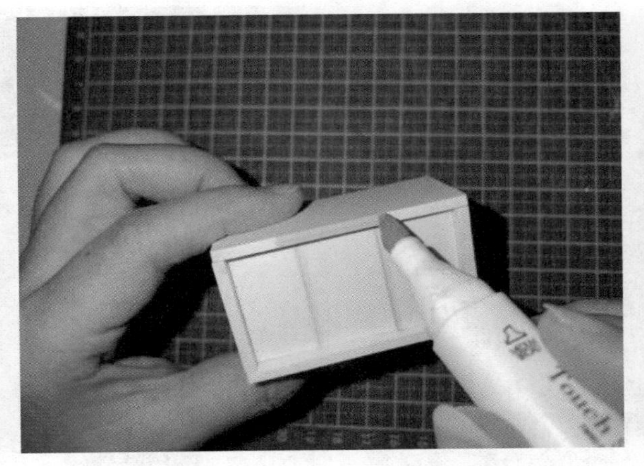

图 3-38　组合柜模型制作步骤 8

图 3-39　组合柜模型制作步骤 9

图 3-40　组合柜模型制作步骤 10

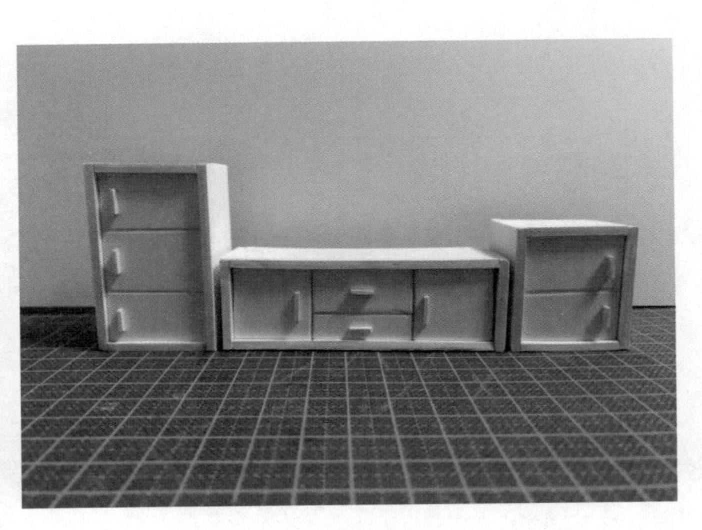

图 3-41　组合柜模型制作步骤 11

3. 组合柜模型制作案例欣赏

组合柜模型制作案例，如图 3-42 ~图 3-45 所示。

图 3-42　组合柜模型 1

图 3-43　组合柜模型 2

图 3-44　组合柜模型 3

图 3-45　组合柜模型 4

三、学习任务小结

通过本次课的学习，同学们基本掌握了组合柜模型的制作方法与流程，通过课堂实训提升了实践动手能力。课后，大家要多收集各类柜子模型制作的材料，并尝试不同风格、不同造型的柜子模型的制作。

四、课后作业

（1）收集 3 种不同类型柜子模型的制作材料。

（2）制作 2 种不同类型的柜子模型。

桌椅组合模型制作

教学目标

（1）专业能力：了解餐桌和餐椅模型的制作方法与步骤。

（2）社会能力：培养学生的分析能力以及严谨、细致的学习习惯，提升学生动手能力。

（3）方法能力：启发学生创意思维能力。

学习目标

（1）知识目标：掌握餐桌和餐椅模型的制作规范、方法与步骤。

（2）技能目标：能运用不同材料制作出餐桌和餐椅模型。

（3）素质目标：培养严谨、细致的学习习惯，提高个人审美能力和动手能力。

教学建议

1. 教师活动

教师讲解餐桌和餐椅模型的制作方法和步骤，指导学生动手练习。

2. 学生活动

认真领会和学习餐桌和餐椅模型的制作方法，并动手练习。

一、学习问题导入

各位同学，大家好！今天我们一起来学习餐桌和餐椅模型的制作方法和步骤。桌椅组合模型制作的主材有实木、PVC 雪弗板、布料等。桌椅组合模型必须严格按照造型和比例进行制作，同时要和室内空间的整体风格、样式、比例相吻合。

二、学习任务讲解

1. 桌椅组合模型制作分析

桌椅组合模型在制作前首先要了解桌椅的尺寸和各部位之间的比例关系，例如椅子的坐高、坐深、靠背和扶手高度等，这些数据与人体工程学息息相关。其次，要选择与室内空间整体风格相一致的样式，例如中式风格室内空间常用中式家具，欧式古典风格室内空间常用巴洛克或洛可可风格家具等。

2. 餐桌模型的制作步骤

以简约风餐桌模型的制作为例，如图 3-46 所示。

所需的材料：3 mm 厚的 PVC 雪弗板、垫板、尺子、美工刀、胶水、砂纸等。

比例：1 ： 25。

步骤一：用铅笔在 PVC 雪弗板上按照餐桌的尺寸和比例画出餐桌桌面、桌裙和桌脚的平面图，如图 3-47 所示。

步骤二：用美工刀和直尺将餐桌各个面切割出来，注意保持切口的平滑度，如图 3-48 所示。

步骤三：将切割出来的面板用铅笔描出相同的面，如图 3-49 所示。

图 3-46　餐桌模型

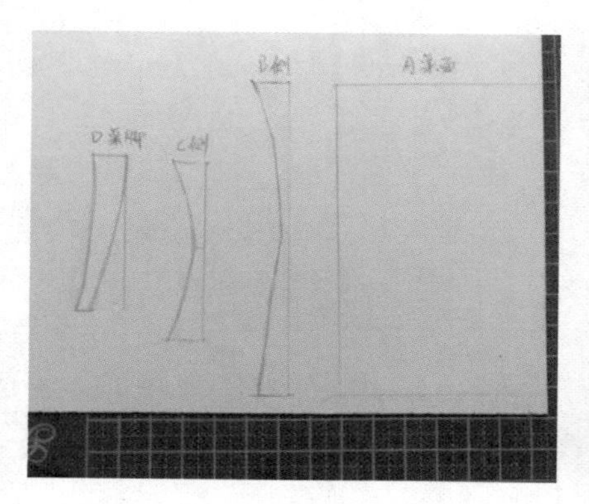

图 3-47　餐桌模型制作步骤 1

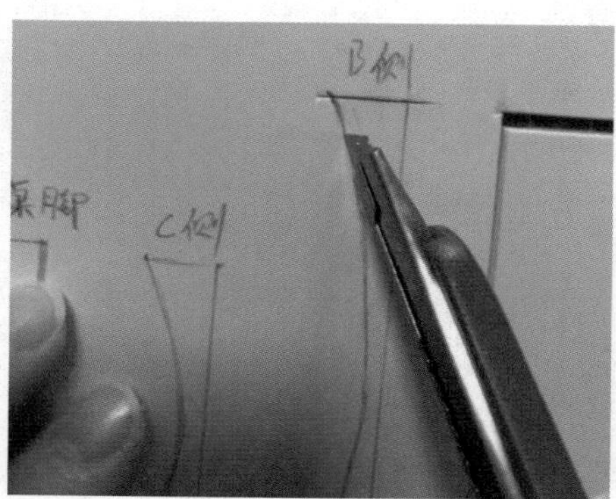

图 3-48　餐桌模型制作步骤 2

图 3-49　餐桌模型制作步骤 3

步骤四：将每块切出来的面板摆放整齐，检查是否有遗漏，如图 3-50 所示。

步骤五：为了更加工整、美观，将切割好的面板用砂纸进行打磨，如图 3-51 所示。

步骤六：为了增加逼真度，用牙签或铁丝将餐桌的桌裙进行图案纹理绘制，如图 3-52 所示。

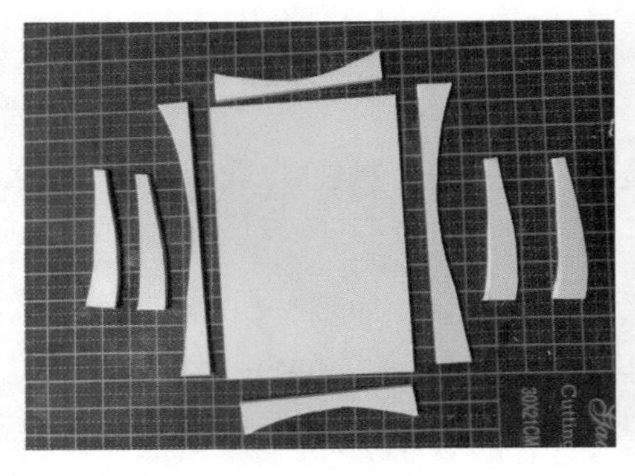

图 3-50　餐桌模型制作步骤 4

图 3-51　餐桌模型制作步骤 5

图 3-52　餐桌模型制作步骤 6

步骤七：用白乳胶或 502 胶将餐桌的桌裙和桌面粘贴好，如图 3-53 所示。

步骤八：用白乳胶或 502 胶将餐桌的桌面和桌脚粘贴好，餐桌的框架便基本制作完成，如图 3-54 所示。

步骤九：剪下一块长布用胶水粘在餐桌上，制作餐桌上的布艺装饰，如图 3-55 和图 3-56 所示。

步骤十：添上花瓶等装饰，餐桌制作完成，如图 3-57 所示。

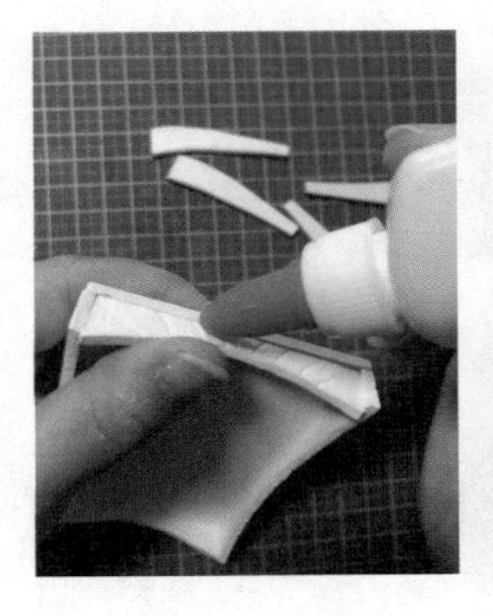

图 3-53　餐桌模型制作步骤 7

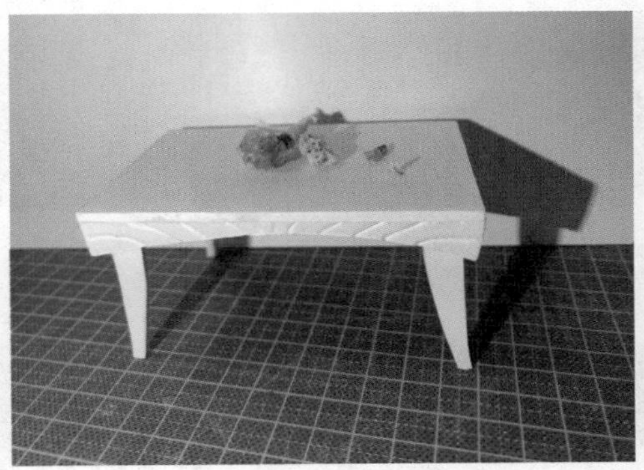

图 3-54　餐桌模型制作步骤 8

图 3-55　餐桌模型制作步骤 9

图 3-56　餐桌模型制作步骤 9（制作布艺装饰）

图 3-57　餐桌模型制作步骤 10

3. 餐椅模型的制作步骤

以简约风餐椅模型的制作为例。

所需的材料：3 mm 厚的 PVC 雪弗板、垫板、尺子、美工刀、胶水、热熔胶枪、砂纸等。

比例：1 ∶ 25。

步骤一：用铅笔将单个椅子的每个部位按照尺寸和比例在 PVC 雪弗板上画出来，如图 3-58 所示。

步骤二：用美工刀将画好的部位切割下来，要借助直尺来切割，保证切割的精确度，如图 3-59 所示。

步骤三：为了使模型效果更逼真、细腻，将切割下来的板材用砂纸进行打磨，如图 3-60 所示。

步骤四：由于 3 mm 厚的 PVC 雪弗板是可以弯曲的，因此可以将餐椅的靠背长板材用手掰弯做出造型，如图 3-61 所示。

步骤五：用白乳胶或 502 胶将椅脚和坐板粘贴在一起，注意椅脚要平整、整齐，如图 3-62 所示。

步骤六：用白乳胶或 502 胶将餐椅的横档和坐板粘贴在一起，如图 3-63 所示。

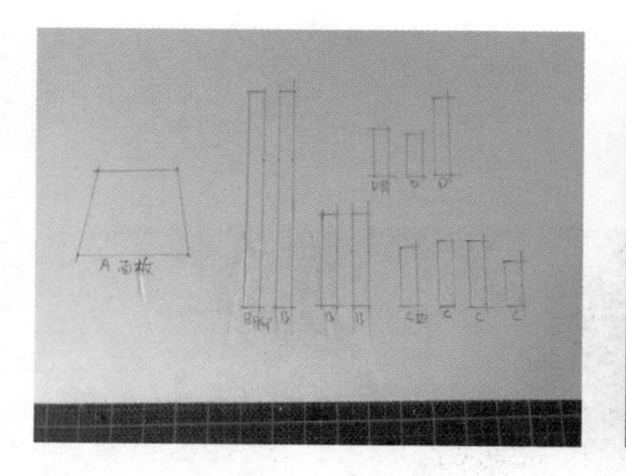

图 3-58　餐椅模型制作步骤 1

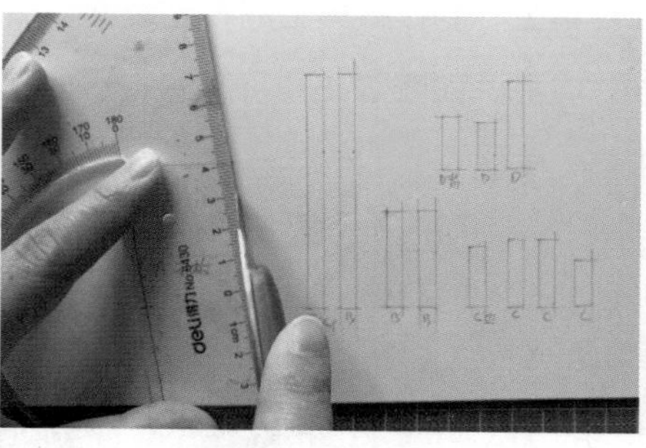

图 3-59　餐椅模型制作步骤 2

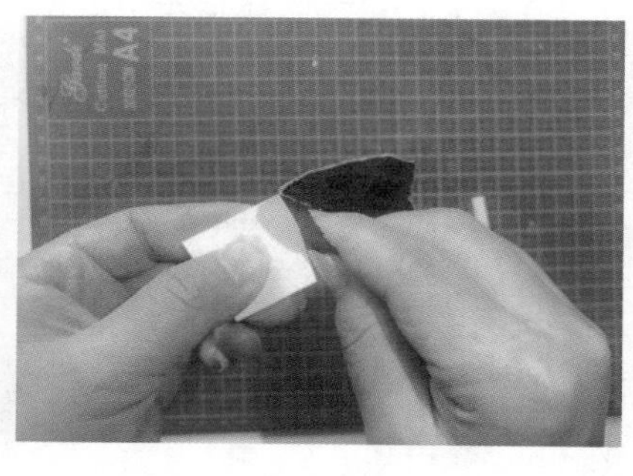

图 3-60　餐椅模型制作步骤 3

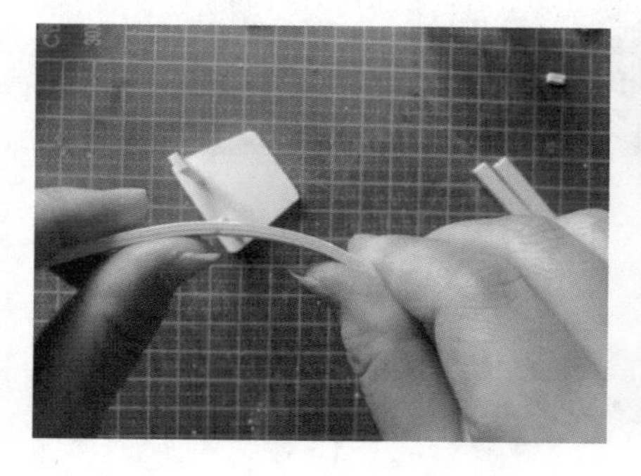

图 3-61　餐椅模型制作步骤 4

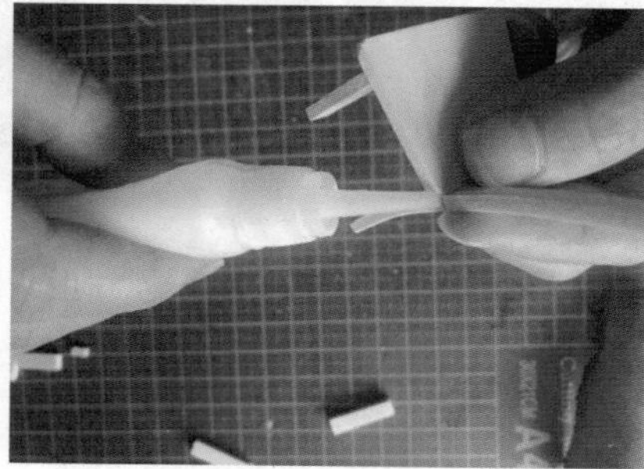

图 3-62　餐椅模型制作步骤 5

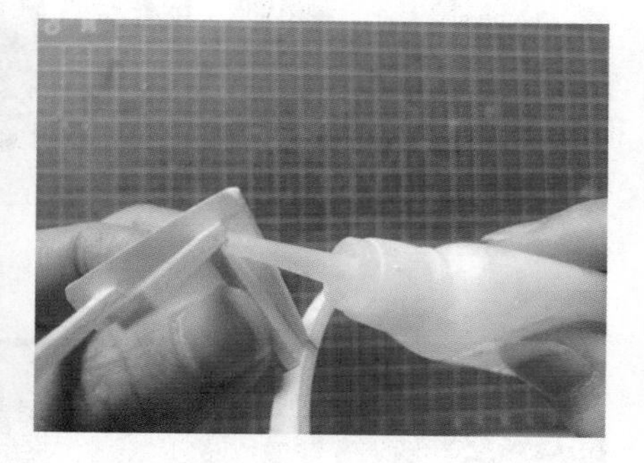

图 3-63　餐椅模型制作步骤 6

步骤七：将做好的餐椅的靠背用胶水与坐板粘贴好，如图 3-64 所示。

步骤八：餐椅框架基本完成，根据出现的小问题进行完善和修正，如图 3-65 所示。

步骤九：餐椅的软装制作，裁一块比餐椅面板稍小的板材来做坐垫，如图 3-66 所示。

步骤十：找一块布（颜色自定），根据坐垫板材大小进行裁剪，以能将板材包裹住为准，如图 3-67 所示。

步骤十一：用胶水将布粘贴在坐垫板材上，如图 3-68 所示。

步骤十二：粘贴后如果出现多余的边角布可以进行修剪，然后用布将坐垫板材包裹起来，并用胶水固定，如图 3-69 所示。

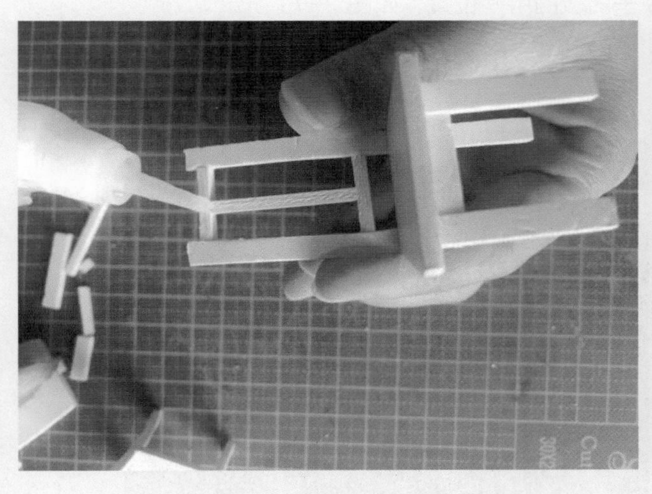

图 3-64　餐椅模型制作步骤 7

图 3-65　餐椅模型制作步骤 8

图 3-66　餐椅模型制作步骤 9

图 3-67　餐椅模型制作步骤 10

图 3-68　餐椅模型制作步骤 11

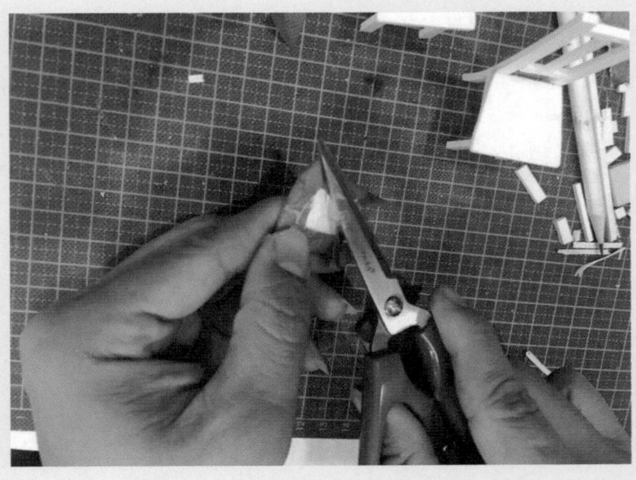

图 3-69　餐椅模型制作步骤 12

步骤十三：在椅子的面板上涂上胶水，将做好的坐垫粘贴上去，如图 3-70 所示。

步骤十四：为了更接近现实生活状态，将坐垫粘在椅子面板的中间位置，如图 3-71 所示。

步骤十五：按照以上步骤制作其他餐椅，如图 3-72 和图 3-73 所示。

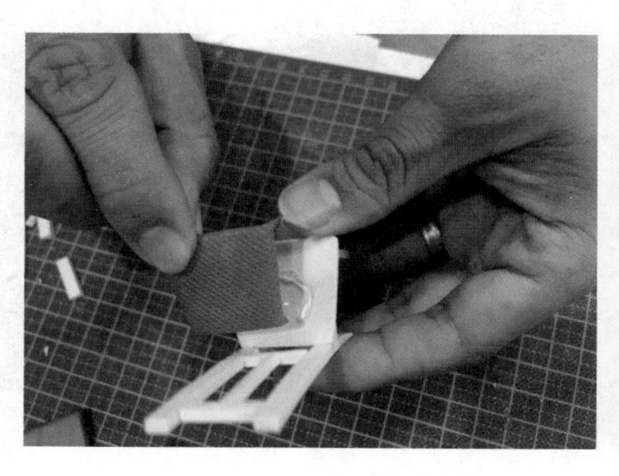

图 3-70　餐椅模型制作步骤 13

图 3-71　餐椅模型制作步骤 14

图 3-72　餐椅模型制作步骤 15

图 3-73　桌椅组合模型效果图

三、学习任务小结

通过本次课的学习，同学们基本掌握了餐桌和餐椅模型的制作方法与步骤，通过课堂实训提升了实践动手能力。课后，大家要多收集各类餐桌和餐椅模型的制作材料，并动手实践，尝试不同风格、不同造型的餐桌和餐椅模型的制作。

四、课后作业

（1）收集 2 套不同类型餐桌和餐椅模型的制作材料，并分析手工制作的可行性。

（2）制作 1 套餐桌和餐椅模型。

床模型制作

教学目标

（1）专业能力：使学生了解床的分类，掌握床模型的制作步骤和方法。

（2）社会能力：培养学生的模型赏析能力与模型制作能力。

（3）方法能力：提升学生的设计美感和动手能力。

学习目标

（1）知识目标：了解床的不同分类，掌握床模型的制作流程；能通过分析床结构选择合适的材料。

（2）技能目标：能通过分析床的特点选择适当的制作方法，完成床模型的制作。

（3）素质目标：培养观察与思考能力。

教学建议

1. 教师活动

（1）通过图片分享，让学生思考不同设计风格的床应如何选择材料与制作床模型。

（2）利用微课短视频与模型制作流程图指导学生进行床模型制作。

2. 学生活动

（1）按照不同设计风格收集各种床模型的图片，并简单阐述选用此种材料的原因。

（2）选择合适的床样式进行模型制作，提升自己的动手能力。

一、学习问题导入

床是居住空间中用于睡眠和休息的家具，床主要由床架、床单、枕头等部分组成，床模型的制作主要采用布艺材料，制作时要注意床的样式、比例，如图 3-74 和图 3-75 所示。

图 3-74　床模型 1

图 3-75　床模型 2

二、学习任务讲解

1. 床的分类

按照床的常用规格可以分为标准单人床、加大单人床、标准双人床、加大双人床。按照床的样式风格可以分为中式风格床、美式风格床、法式风格床、日式风格床等。按照床的材质可以分为实木床、金属床、塑料床等。按照床的造型可以分为架子床、罗汉床、圆床等。

2. 双人床模型的制作

材料与工具：PVC 雪弗板（3 mm 厚度）、酒精胶（热熔胶）、布料、棉花、切割垫、美工刀、剪刀、镊子、钢尺、铅笔。

制作步骤如下。

步骤一：按照 1 ∶ 30 的放样比例，在 PVC 板上绘制出一张标准双人床的图案，并切割出所需板材，如图 3-76 所示。

步骤二：按床头板尺寸裁剪布料，放入适量的棉花，如图 3-77 所示。

步骤三：将布料边缘翻折粘牢，如图 3-78 所示。

图 3-76　双人床模型制作步骤 1

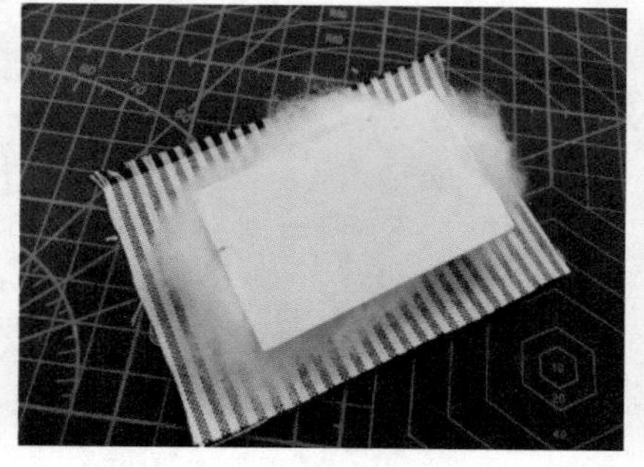

图 3-77　双人床模型制作步骤 2

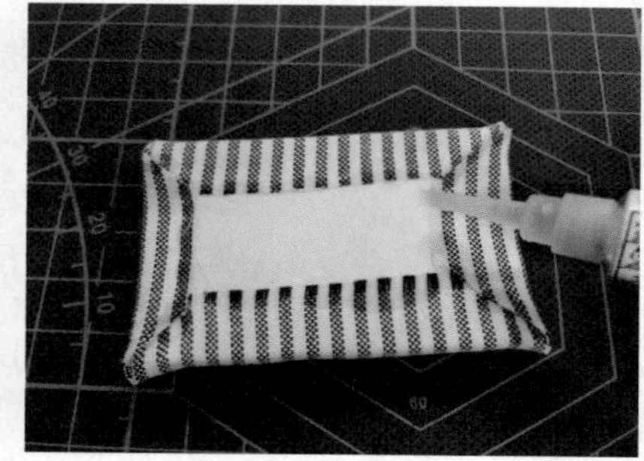

图 3-78　双人床模型制作步骤 3

步骤四：床头板做好的效果如图 3-79 所示。

步骤五：用胶水粘贴床板，如图 3-80 所示。

步骤六：按床板尺寸裁剪布料，放置适量的棉花，如图 3-81 所示。

步骤七：将床板两侧的布料翻折粘牢，如图 3-82 所示。

步骤八：将床尾布料翻折粘牢，如图 3-83 所示。

步骤九：将床尾两角多出的布料翻折进去，如图 3-84 所示。

步骤十：将床头两角多出的布料翻折进去，如图 3-85 所示。

步骤十一：用胶水粘牢床头翻折进去的布料，如图 3-86 所示。

步骤十二：床身完成效果如图 3-87 所示。

图 3-79　双人床模型制作步骤 4

图 3-80　双人床模型制作步骤 5

图 3-81　双人床模型制作步骤 6

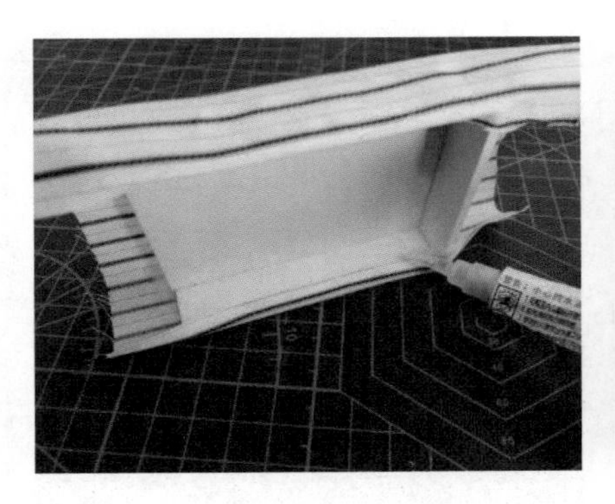

图 3-82　双人床模型制作步骤 7

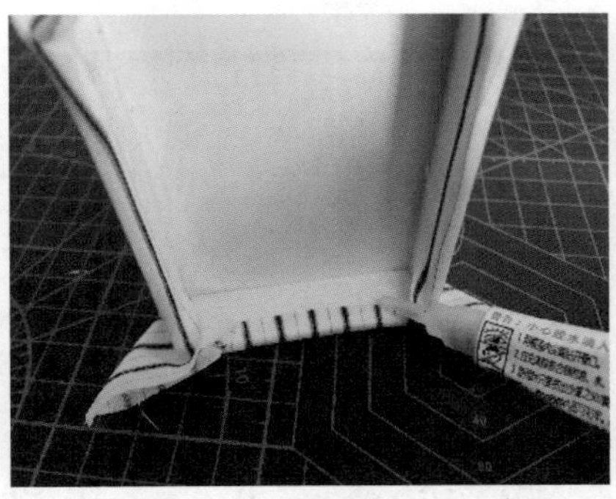

图 3-83　双人床模型制作步骤 8

图 3-84　双人床模型制作步骤 9

图 3-85　双人床模型制作步骤 10

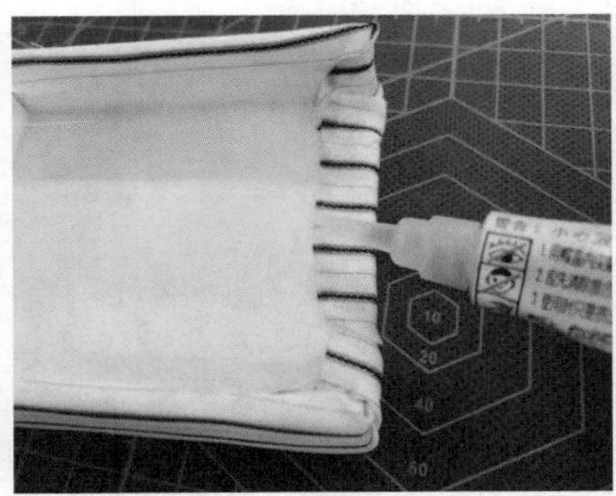

图 3-86　双人床模型制作步骤 11

图 3-87　双人床模型制作步骤 12

步骤十三：将床头板和床身粘牢，如图 3-88 所示。

步骤十四：用布料剪出与床身大小对应的床被，如图 3-89 所示。

步骤十五：用美工刀在床被四周边缘划出条纹，如图 3-90 所示。

步骤十六：沿床身宽度方向贴上双面贴纸，如图 3-91 所示。

步骤十七：将床被覆盖在床身上并与双面贴纸粘紧，如图 3-92 所示。

步骤十八：将床被左右两侧捏出褶子，如图 3-93 所示。

步骤十九：在床尾贴上双面贴纸并粘牢床尾多出的床被，同时将床被捏出褶子，如图 3-94 所示。

步骤二十：剪出一条比床身宽度稍长的长方形格子布料用于制作床旗，如图 3-95 所示。

步骤二十一：用美工刀在格子布料的两个短边划出条纹，如图 3-96 所示。

图 3-88　双人床模型制作步骤 13

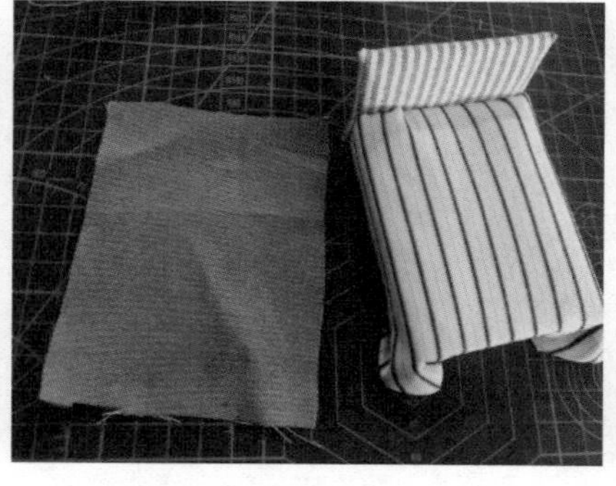

图 3-89　双人床模型制作步骤 14

图 3-90　双人床模型制作步骤 15

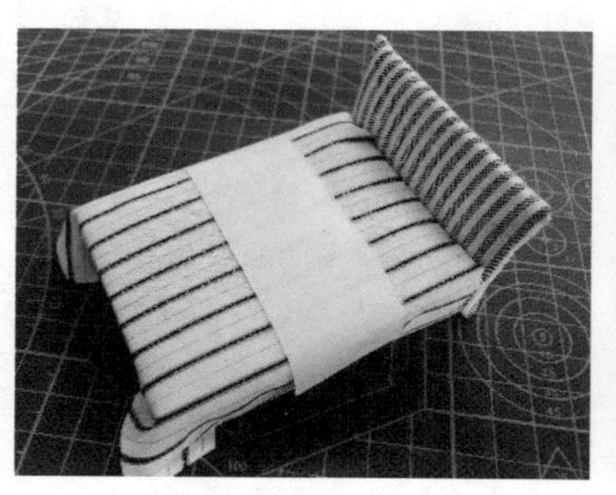

图 3-91　双人床模型制作步骤 16

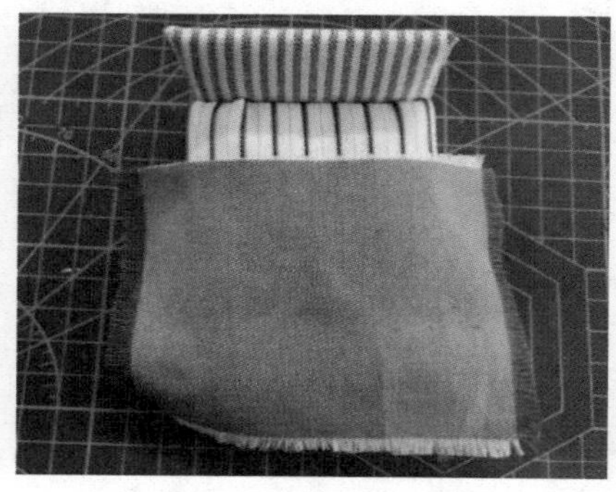

图 3-92　双人床模型制作步骤 17

图 3-93　双人床模型制作步骤 18

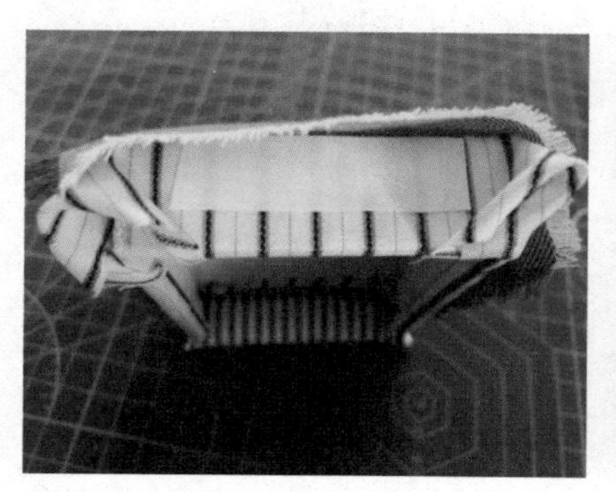

图 3-94　双人床模型制作步骤 19

图 3-95　双人床模型制作步骤 20

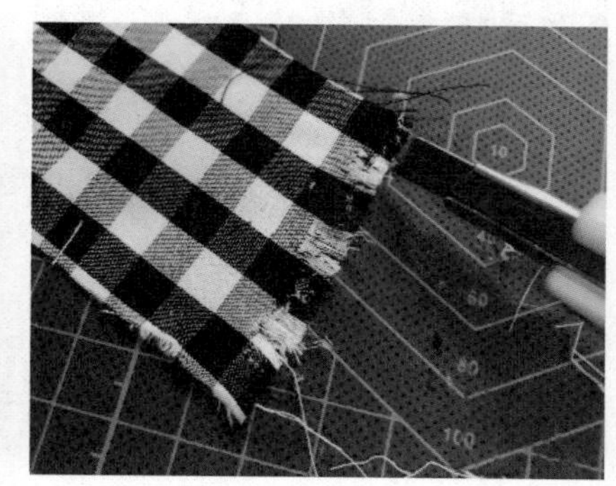

图 3-96　双人床模型制作步骤 21

步骤二十二：在格子布料内放入适量的棉花，如图 3-97 所示。

步骤二十三：将格子布料包裹住棉花并用胶水粘牢，如图 3-98 所示。

步骤二十四：用胶水把床旗粘贴在床身上，床旗制作完成，如图 3-99 所示。

步骤二十五：双人床模型效果如图 3-100 所示。

步骤二十六：双人床模型的室内场景如图 3-101 所示。

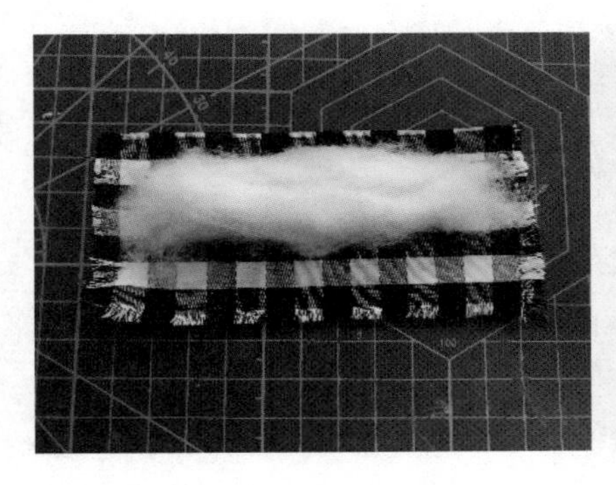
图 3-97　双人床模型制作步骤 22

图 3-98　双人床模型制作步骤 23

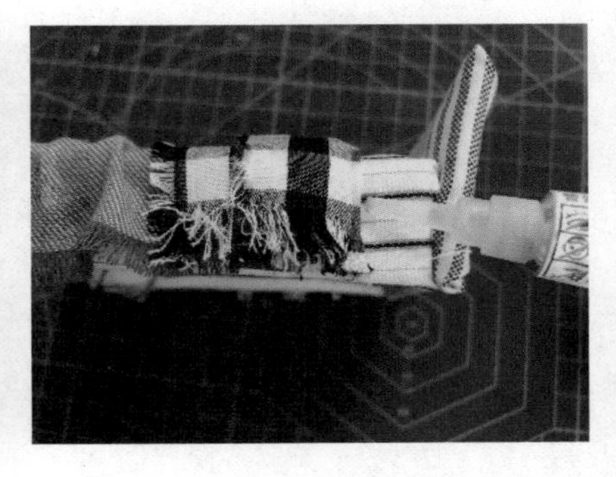
图 3-99　双人床模型制作步骤 24

图 3-100　双人床模型制作步骤 25

图 3-101　双人床模型制作步骤 26

三、学习任务小结

制作床模型之前首先应确定床的风格与材料。收集与床类型相近的材料，如实木床可利用薄木板结合布料进行表现；子母床可以 PVC 板为基础裁切拼装制作；铁艺床可用铁丝和金属材料表现。通过本次课的学习，同学们基本掌握了床模型的制作方法。课后，大家要反复练习，逐步提高制作水平。

四、课后作业

按照 1 ： 25 的比例制作一个带储存功能的床模型。

软装饰品模型制作

教学目标

（1）专业能力：了解室内软装饰品种类和模型制作方法。

（2）社会能力：培养观察能力和动手能力。

（3）方法能力：提升对软装饰品结构的分析能力。

学习目标

（1）知识目标：了解室内软装饰品的种类与搭配法则，能运用不同材料制作软装饰品模型。

（2）技能目标：能按照步骤制作室内软装饰品模型。

（3）素质目标：培养动手能力。

教学建议

1. 教师活动

（1）通过视频观看最新室内软装饰品的图片资料，引发学生思考软装饰品如何进行制作。

（2）观看教师示范钢琴模型制作的步骤。

2. 学生活动

（1）按照软装饰品的种类收集并归纳软装饰品图片。

（2）选择合适的材料，按照步骤制作软装饰品模型。

一、学习任务导入

室内软装饰品是表现室内空间美感的陈设品和工艺品，对室内空间风格塑造、环境气氛烘托、视觉美感营造等起着重要的作用。室内软装饰品包括家具、布艺、灯具、装饰画、绿植、装饰摆件等，如图 3-102 所示。

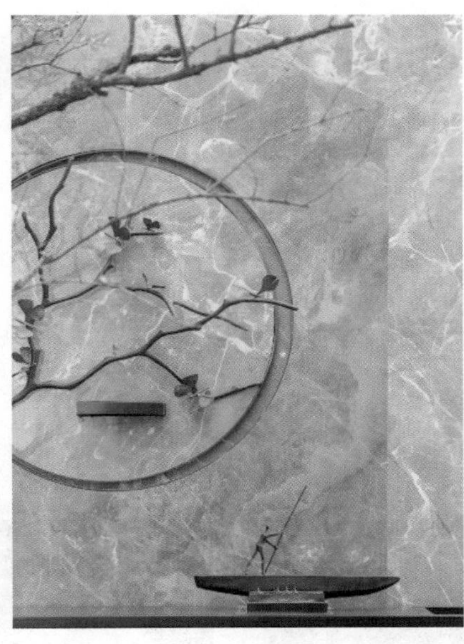

图 3-102 室内软装饰品

二、学习任务讲解

1. 室内软装饰设计原则

（1）满足功能要求，力求舒适实用。室内软装饰设计的根本目的是满足人的生活需要，创造出一个实用、舒适的室内环境。

（2）布局协调，基调一致。在室内软装饰设计中应根据功能要求，使布局协调统一，体现出和谐的基调，并在一定程度上表现个人的情感喜好，如性格、爱好、志趣、习性等。

（3）疏密有致，主次分明。家具是软装饰品的主要物件，也是居住空间中占比最大的软装饰品，空间中要以家具为主，辅以灯具、地毯、抱枕、挂画、工艺品摆件等小型物件，通过色彩、材质和造型样式的变化，创造空间的层次感。

（4）色调协调，比例舒适。室内软装饰品的色彩要与室内空间的整体风格相协调，在统一中求变化，在变化中求和谐。

软装饰品模型如图 3-103 和图 3-104 所示。

图 3-103 软装饰品模型 1

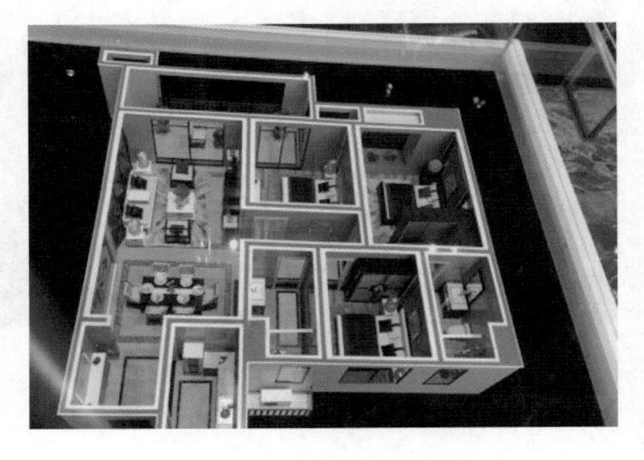

图 3-104 软装饰品模型 2

2. 室内软装饰品模型的制作步骤（以钢琴为例）

材料与工具：PVC 雪弗板（3 mm 厚度）、酒精胶（热熔胶）、牙签、喷漆、切割垫、美工刀、剪刀、镊子、钢尺、铅笔、砂纸。

比例：1 ： 30。

制作步骤如下。

步骤一：分解钢琴结构，切割出钢琴模型制作所需板材，如图 3-105 所示。

步骤二：用胶水在钢琴底座外围粘上琴板，如图 3-106 所示。

步骤三：用胶水把谱板粘牢，如图 3-107 所示。

步骤四：用胶水固定谱架底板，如图 3-108 所示。

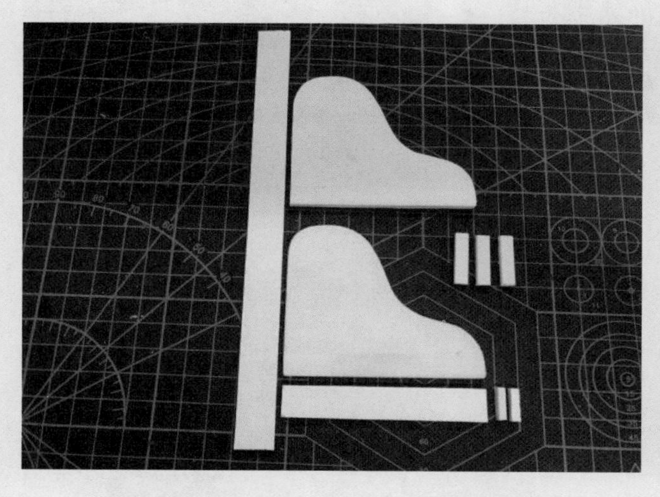

图 3-105　钢琴模型制作步骤 1

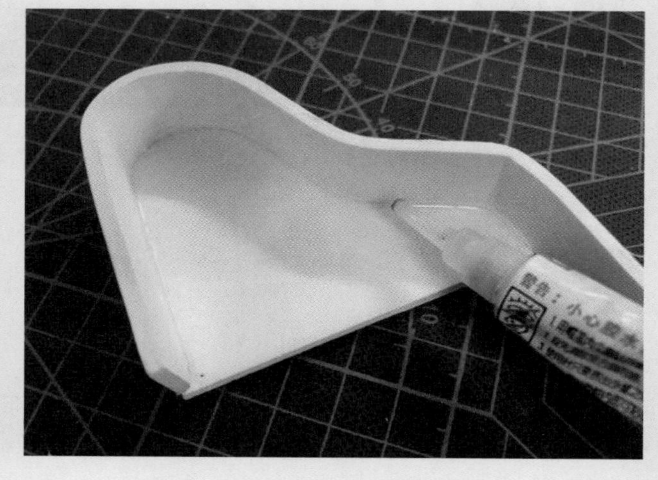

图 3-106　钢琴模型制作步骤 2

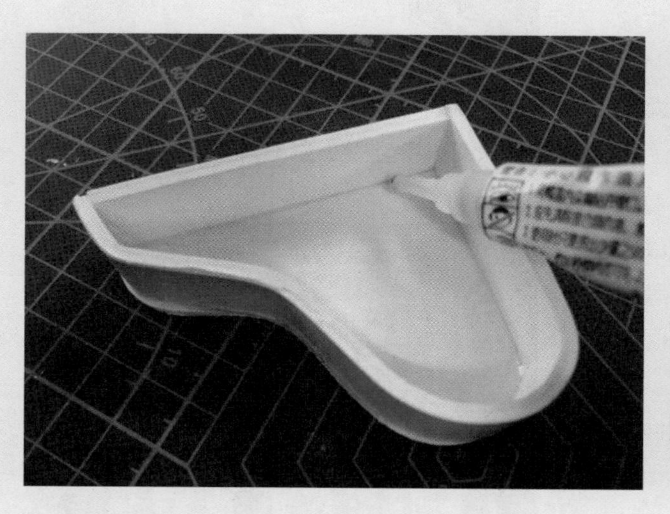

图 3-107　钢琴模型制作步骤 3

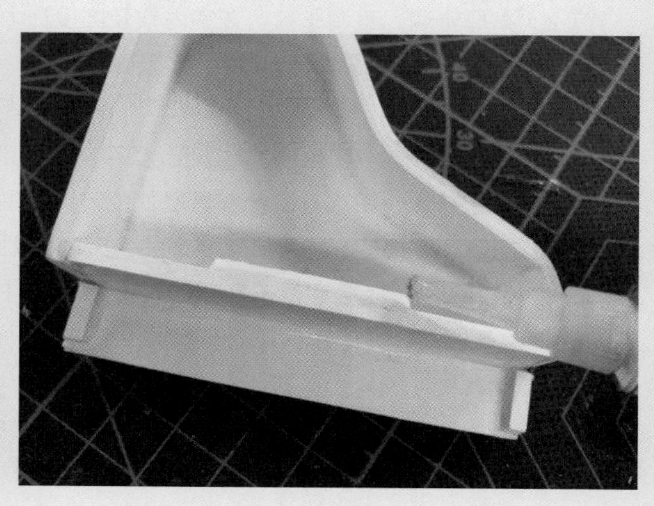

图 3-108　钢琴模型制作步骤 4

步骤五：用砂纸打磨谱架底板，如图 3-109 所示。

步骤六：制作谱架板，如图 3-110 所示。

步骤七：用砂纸打磨谱架板使之更光滑，如图 3-111 所示。

步骤八：将谱架板粘贴在谱架底板上，如图 3-112 所示。

步骤九：将顶盖和琴身粘贴牢固，如图 3-113 所示。

步骤十：将琴脚粘贴在钢琴底座，如图 3-114 所示。

步骤十一：用喷漆对钢琴上色，如图 3-115 所示。

步骤十二：将牙签尖部剪掉，如图 3-116 所示。

步骤十三：将牙签支撑在顶盖和琴身之间，如图 3-117 所示。

步骤十四：钢琴最终效果图如图 3-118 所示。

图 3-109 钢琴模型制作步骤 5

图 3-110 钢琴模型制作步骤 6

图 3-111 钢琴模型制作步骤 7

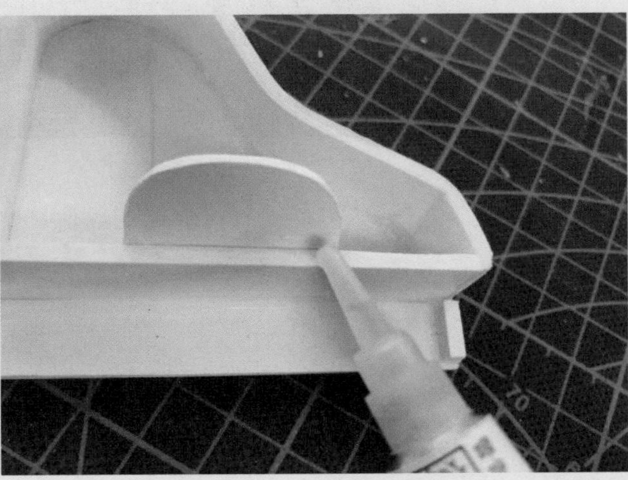

图 3-112 钢琴模型制作步骤 8

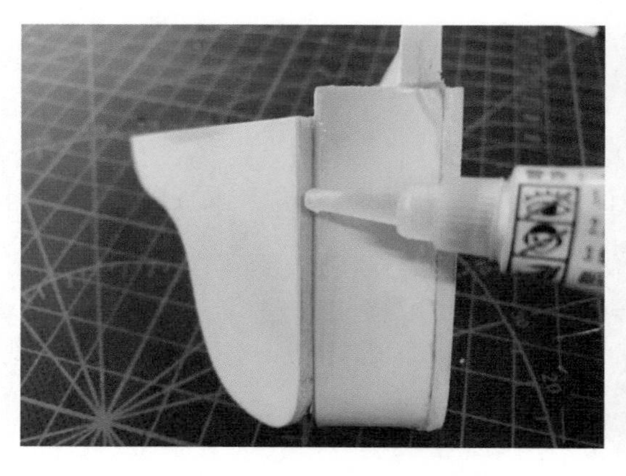

图 3-113　钢琴模型制作步骤 9

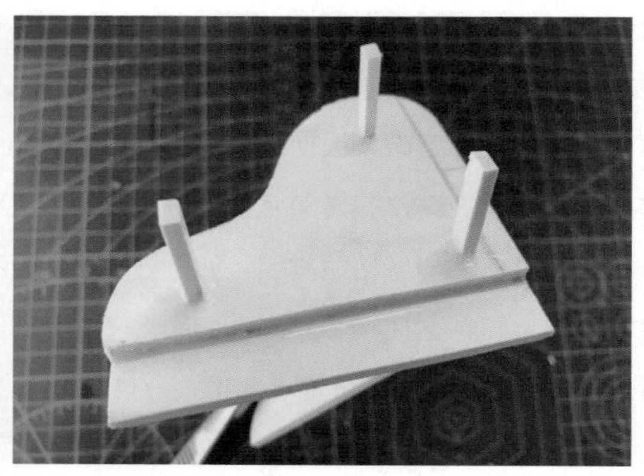

图 3-114　钢琴模型制作步骤 10

图 3-115　钢琴模型制作步骤 11

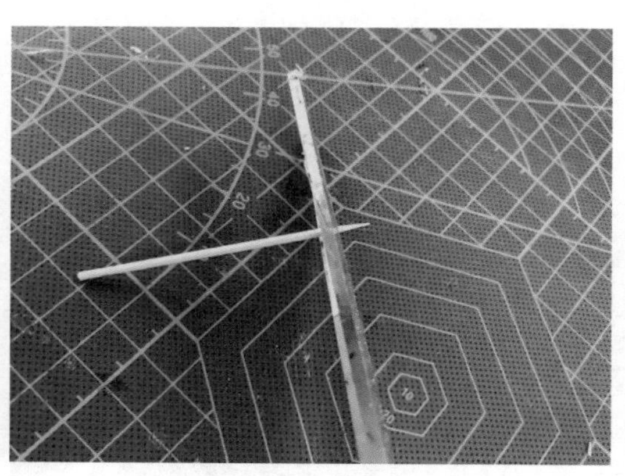

图 3-116　钢琴模型制作步骤 12

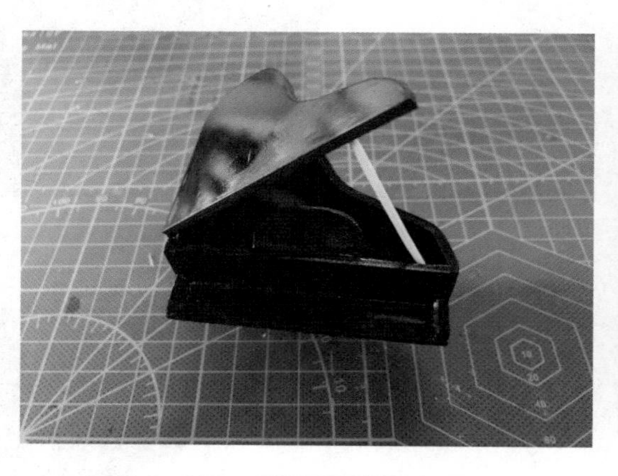

图 3-117　钢琴模型制作步骤 13

图 3-118　钢琴模型制作步骤 14

三、学习任务小结

通过本次课的学习，同学们已经掌握了室内陈设品的种类与设计原则，并以钢琴为例进行了模型制作训练。课后，同学们可根据不同的室内风格选择更多软装饰品进行制作练习，逐步提高室内软装饰品模型的制作技巧。

四、课后作业

制作两个不同样式的抱枕模型。

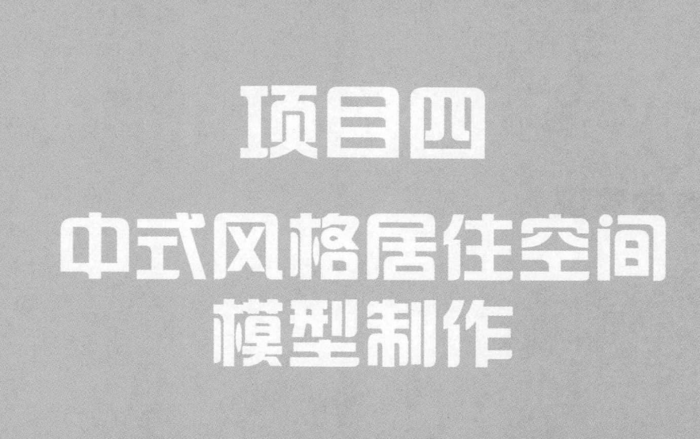

项目四

中式风格居住空间模型制作

学习任务一　中式风格居住空间方案设计
学习任务二　中式风格居住空间施工图绘制
学习任务三　底座、墙体与门窗结构模型制作
学习任务四　中式风格家具模型制作
学习任务五　中式风格软装饰品模型制作

中式风格居住空间方案设计

教学目标

（1）专业能力：了解中式风格居住空间方案设计的方法。

（2）社会能力：通过教师讲授、课堂师生问答、小组讨论和动手实践等方式，拓展学生视野，激发学生兴趣和求知欲。

（3）方法能力：学以致用，加强实践，通过不断学习和实际操作，掌握中式风格居住空间方案设计的基本知识、风格特点、模型制作步骤等。

学习目标

（1）知识目标：掌握中式风格居住空间的概念、特点和方案设计方法。

（2）技能目标：掌握中式风格居住空间功能区间设计的要点。

（3）素质目标：培养自主学习、细致观察的能力，做到举一反三，理论与实操相结合。

教学建议

1. 教师活动

（1）教师前期收集各类居住空间方案设计图稿，并运用多媒体课件、教学视频等多种教学手段，提高学生对居住空间方案设计的直观认识。

（2）深入浅出、通俗易懂地进行知识点讲授和应用案例分析。

2. 学生活动

（1）认真听课、看课件、看视频、看设计方案图稿；记录问题，积极思考问题，与教师良性互动，并解决问题；总结、做笔记、写步骤。

（2）细致观察、学以致用，积极进行小组间的交流和讨论。

一、学习问题导入

各位同学，大家好，今天我们一起来学习中式风格的居住空间方案设计。对于居住者而言，居住空间不仅具有使用功能，还具有装饰美感的作用，是体现居住者艺术品位的空间，如图 4-1 所示。

根据使用功能划分，居住空间可以分为客厅、卧室、餐厅、厨房、书房、卫生间等不同性质的功能空间。主卧室效果图如图 4-2 所示。

图 4-1　起居室效果图

图 4-2　主卧室效果图

二、学习任务讲解

1. 室内环境模型的类型

室内环境模型按功能可分为以下两种。

（1）居住空间室内环境模型：指室内环境以居住空间为主的模型，如公寓模型、住宅模型、别墅模型等，如图 4-3 所示。

（2）公共空间室内环境模型：指室内环境以公共空间为主的模型，如商业空间模型、娱乐空间模型、办公空间模型等，如图 4-4 所示。

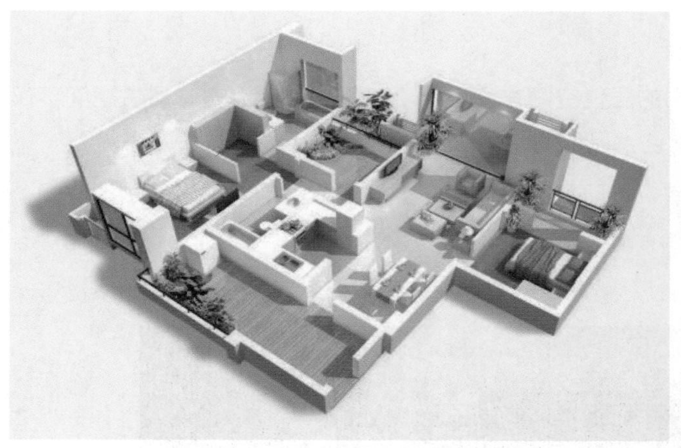

图 4-3　居住空间室内环境模型

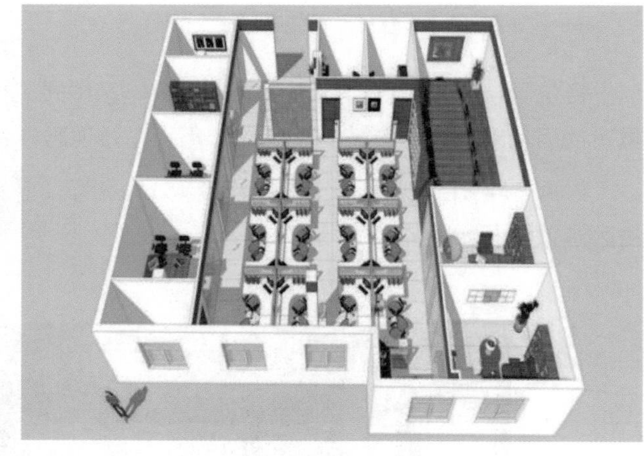

图 4-4　公共空间室内环境模型

2. 中式装饰风格介绍

（1）中式古典装饰风格与新中式装饰风格介绍。

中式古典装饰风格的室内设计是在室内空间、造型、色彩和家具陈设等方面，采用中国传统装饰元素和装饰手法的室内设计风格样式，其具有含蓄、内敛、儒雅、庄重的空间品质，如图 4-5 所示。

图 4-5　中式古典装饰风格

新中式装饰风格是在继承和改造中式古典装饰风格的基础上形成的具有中国传统文化内涵的室内设计风格。新中式装饰风格通过对中国传统装饰元素的解构，将现代元素和传统元素有机地结合在一起，以现代人的审美需求来打造富有传统韵味的空间形式，如图 4-6 所示。

（2）中式古典装饰风格与新中式装饰风格特点。

中式古典装饰风格清雅含蓄、端庄儒雅，室内陈设遵循一定的秩序，家具摆放有序，呈现对称布置，显示出中庸、庄重的特点。新中式装饰风格空间布局更加灵活，常采用简洁硬朗的直线条，家具采用现代风格的几何造型家具，反映出现代人追求简单的生活方式。

图 4-6　新中式装饰风格

3. 中式风格居住空间设计

（1）中式风格客厅空间设计。

客厅是我们走进家门后首先见到的地方，作为家庭生活公共活动区域，客厅具有多方面的功能。它既是全家娱乐休闲、团聚、喝茶聊天的活动场所，也是共享天伦、沟通感情的空间。中式风格客厅以端庄、优雅、庄重为主要特点，其设计应该注意以下几点。

① 客厅空间设计须满足主人会客、休闲娱乐、品茶、聊天的功能需求。

② 家具及陈设应疏密有致，色彩应朴素淡雅，营造出宁静、休闲、雅致的空间氛围。

③ 客厅空间设计常用简洁硬朗的直线条，装饰材料以木材为主。

④ 家具以实木为主，融合古典与时尚的韵味，室内陈设应具有中国风特色，可使用中国传统字画、瓷器、刺绣、盆景等。

中式风格客厅如图 4-7 所示。

图 4-7　中式风格客厅

（2）中式风格餐厅空间设计。

中式风格餐厅空间设计以典雅、庄重为主要格调，可采用圆形的餐桌配合中式的餐椅，其设计应该注意以下几点。

① 餐桌、餐椅以天然木质材料为主。

② 餐厅应采光充足、陈设雅致。

③ 餐厅的色彩以温暖、淡雅、舒适的黄色、木色为主调，营造出典雅、质朴的氛围。

中式风格餐厅如图 4-8 和图 4-9 所示。

图 4-8　中式风格餐厅 1

图 4-9　中式风格餐厅 2

（3）中式风格卧室空间设计。

卧室是居住空间中休息和睡眠的场所，也是整个居住空间中私密度最高的区域。卧室主要功能是睡眠和休息，因此，墙面和地面的设计、选材都要避免能使人兴奋的高纯度和高彩度的颜色，灯光也要温馨、柔和。卧室的设计应该注意以下几点。

① 卧室的风格应与居住空间的整体风格保持一致。

② 要保证卧室的采光和通风，床头尽量靠墙摆放，床头背景墙不要选择主卧室和卫生间的分隔墙。床头的朝向以头朝南、脚朝北为宜，与地磁场的方向吻合，利于睡眠。

③ 卧室的面积要适中，一般在 20 ~ 30 m^2，面积太小会感觉局促和压抑，太大会显得空旷。

④ 卧室的安全性和私密性设计非常重要，床头背景墙是装饰的重点，既要美观也要实用，常用柔性材料或墙纸，卧室的地面也常用弹性较好的实木地板。床一般不正对门的方向，以保证一定的私密性。不要在床的对面放置梳妆镜或穿衣镜，以免由于镜面的反射造成心理恐惧。

⑤ 卧室由睡眠区、储藏收纳区和梳妆阅读区三部分组成。睡眠区是卧室的主要区域，由床、床头柜、床头背景墙组成，常采用对称式布局，方便主人双方使用。床头柜摆放在床的两侧，配置台灯、壁灯，或者低位的吊灯，提供阅读的采光。储藏收纳区的主要功能是储藏和收纳衣服，面积较大的卧室可以单独设置衣帽间，面积较小的卧室可采用整体衣柜。梳妆阅读区可以满足阅读、书写和看电视的需求，可配置梳妆台、梳妆镜、学习工作台等。

⑥卧室设计时要注意家具的功能性和舒适度，减少大面积使用坚硬和冰冷的材质，选用柔和的色彩，以及清新、淡雅的装饰材料。

⑦ 卧室灯光以暖色系为主，体现宁静、温馨的空间氛围。灯光不宜过亮，以暖色光为主，床头上方一般采用吸顶灯，两侧也可放置台灯、夜灯，如图 4-10 所示。

图 4-10　中式风格卧室

三、学习任务小结

通过本次课的学习，同学们已经全面了解了中式风格居住空间设计的方法，了解了中式风格居住空间主要的功能区间客厅、餐厅、卧室的设计要领，对中式风格设计特点有了深层次的认识。在室内模型制作课程中，居住空间模型设计应用非常广泛。同学们课后还要通过学习和社会实践，更进一步了解居住空间模型的设计与制作。

四、课后作业

（1）收集和整理中式风格的居住空间模型设计图稿。

（2）以组为单位对各组员收集的资料做整理与汇总，并制作成 PPT 进行演讲展示。

中式风格居住空间施工图绘制

教学目标

（1）专业能力：能够认识和理解中式风格居住空间的功能区间划分，设计并绘制模型施工图。

（2）社会能力：通过学生小组的案例设计与分析、讲解，提升学生的表达与交流能力。

（3）方法能力：实践操作能力、专业图纸绘制能力、模型制作能力。

学习目标

（1）知识目标：能够根据中式风格居住空间布局、风格、使用材料进行功能区规划、立面造型设计、色彩搭配和家具布置。

（2）技能目标：能够从优秀的中式风格居住空间施工图中总结绘制的方法和技巧。

（3）素质目标：能通过鉴赏优秀的中式风格居住空间施工图作品，提升专业兴趣，提高设计能力。

教学建议

1. 教师活动

（1）教师通过前期收集的优秀的中式风格居住空间施工图作品，运用多媒体课件、教学视频等多种教学手段，进行知识点讲授和作品赏析。

（2）深入浅出、通俗易懂地引导学生对优秀施工图作品进行模型放样图绘制。

2. 学生活动

（1）认真听课，观看施工图优秀作品，加强对中式风格居住空间施工图作品的感知，学会欣赏，积极大胆地表达自己的看法，绘制模型施工图。

（2）认真观察与分析，保持热情，学以致用，加强实践与总结。

一、学习问题导入

各位同学，大家好，今天我们一起来学习中式风格居住空间施工图绘制。首先，我们要分组，每组 5 ~ 6 人，并选出小组长。在制作模型之前，要将项目的方案确定下来，这是模型制作顺利的良好开端和可靠保证。同时也要求制作者对于模型所表达的内容有清晰的认知和深入的了解。

二、学习任务讲解

1. 准备工作

制作模型之前，准备工作大致有以下几个阶段。

（1）明确任务，熟悉施工图图纸。

（2）明确居住空间模型的制作标准、规格、比例、功能、材料、时间和特殊要求等。

（3）构思设计，拟订方案。

所谓的构思设计就是根据制作任务的具体情况进行构思，分小组讨论，拟定出合理的、最优化的制作方案。构思内容包括模型比例的确定、材料的选用、室内的布置、环境的设计、色彩的搭配、成本核算、时间安排等问题。必要时还可以根据要求书面写出设计方案，进行比较、选择，最终确定一个理想的方案。方案拟定后，可以着手拟定一份完成模型制作的工作安排进度表，以确保工作效率。

（4）模型制作计划书。

模型制作前要撰写模型制作计划书，模型制作计划书包括确定模型的制作比例和尺寸、选择模型制作的材料、安排模型制作的时间节点等，见表 4-1。

表 4-1　中式风格居住空间室内模型制作计划书

<table>
<tr><th>项目</th><th colspan="2">内容</th></tr>
<tr><td>模型比例</td><td colspan="2">1 ∶ 100</td></tr>
<tr><td>模型尺寸</td><td colspan="2">94.2 cm × 11.5 cm</td></tr>
<tr><td>模型材料</td><td colspan="2">铅笔、橡皮、图纸、模型胶、镊子、美工刀、砂纸、精雕机、双面胶、灌装喷漆、5 mm 厚的亚克力板、5 mm 厚的 PVC 板、0.8 mm 厚的 ABS 板、中式风格墙纸、地面贴花、布料等</td></tr>
<tr><td rowspan="4">时间计划</td><td>第一周</td><td>完成图纸调整工作，购买工具、材料</td></tr>
<tr><td>第二周</td><td>主体部分的制作，包括底座、墙体、门窗、地面、外墙</td></tr>
<tr><td>第三周</td><td>家具的制作，包括柜子、床、椅子和书桌等主要家具</td></tr>
<tr><td>第四周</td><td>完成模型的细部制作，包括家居装饰品如电视、装饰画等，配合模型的风格制作基座</td></tr>
</table>

2. 以某中式风格居住空间室内模型为例

该中式风格居住空间的一层平面图为一室两厅，面积约 180 m^2，一层主卧使用者是一对中年夫妇。业主要求本方案定为中式风格，并将现代和古典风格进行结合，但又不应感到过分沉重，居住空间应规划合理、使用方便。

对于居住空间室内模型来说，表达室内平面布置的建筑装饰平面布置图是进行模型制作的重要依据，从建筑装饰平面布置图可以了解居住空间的平面形状、大小、方位、朝向、和内部房间、楼梯、走道、门窗、固定设备的空间位置等，如图 4-11 所示。

除此以外，表示装饰立面造型的立面图和表示造型结构的剖面图也是进行室内模型制作的重要依据。从立面图可以了解装饰立面的造型样式、高度尺寸、门窗洞口的位置、装饰材料等，从剖面图可以了解室内空间的高差变化，如图 4-12 和图 4-13 所示。

小组成员在绘制完图纸后，要充分考虑室内环境如何进行展示。室内模型通常不做吊顶，主要以展示内部空间环境氛围为主，造型元素之间的对比与变化，空间的尺寸关系、光影效果等都需要进行设计，在构思和拟定模型方案时，需要合理考虑模型的比例和尺寸、造型表现、材料选用、色彩搭配、底盘设计、台面布置、环境表现等。在多层室内模型制作中还会涉及如何选择最佳剖切面进行展示的问题。

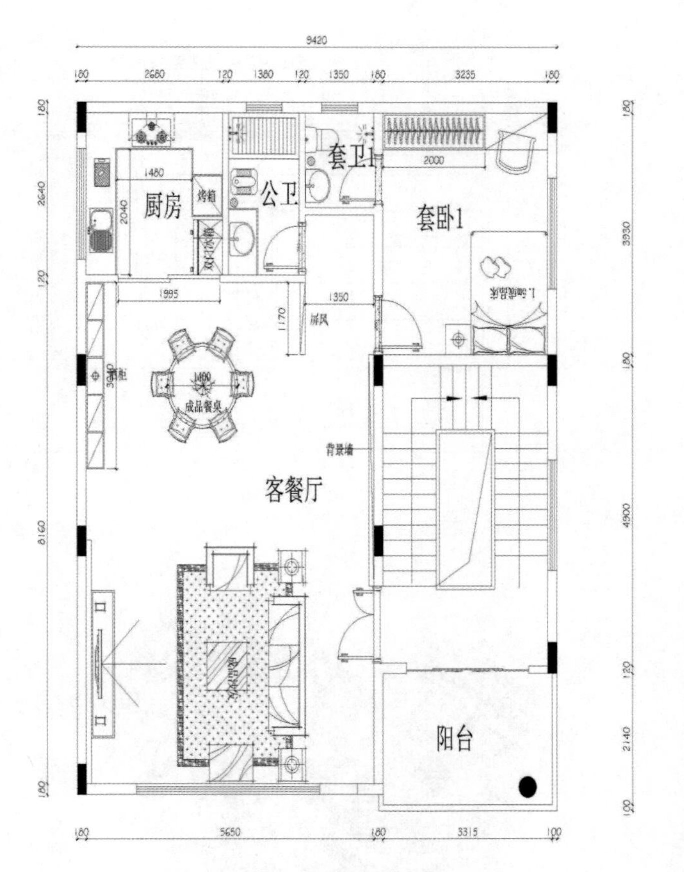

图 4-11 建筑装饰平面布置图

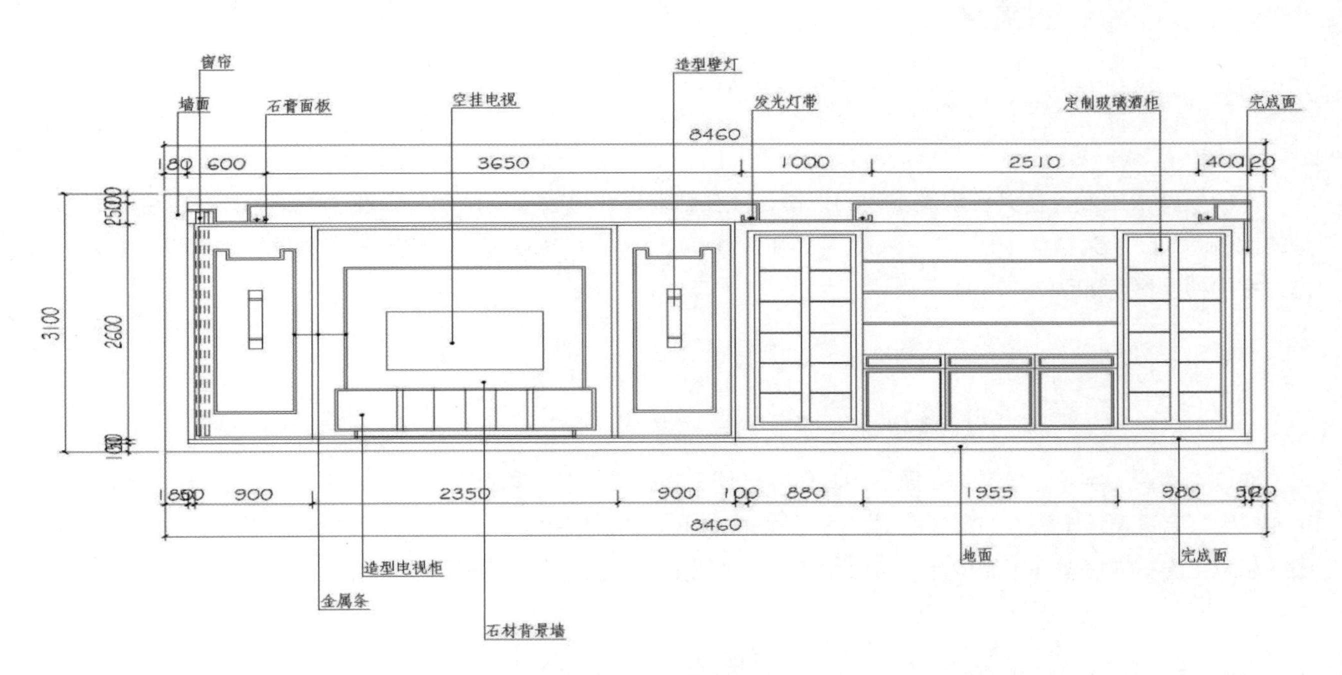

图 4-12 客厅立面图 1

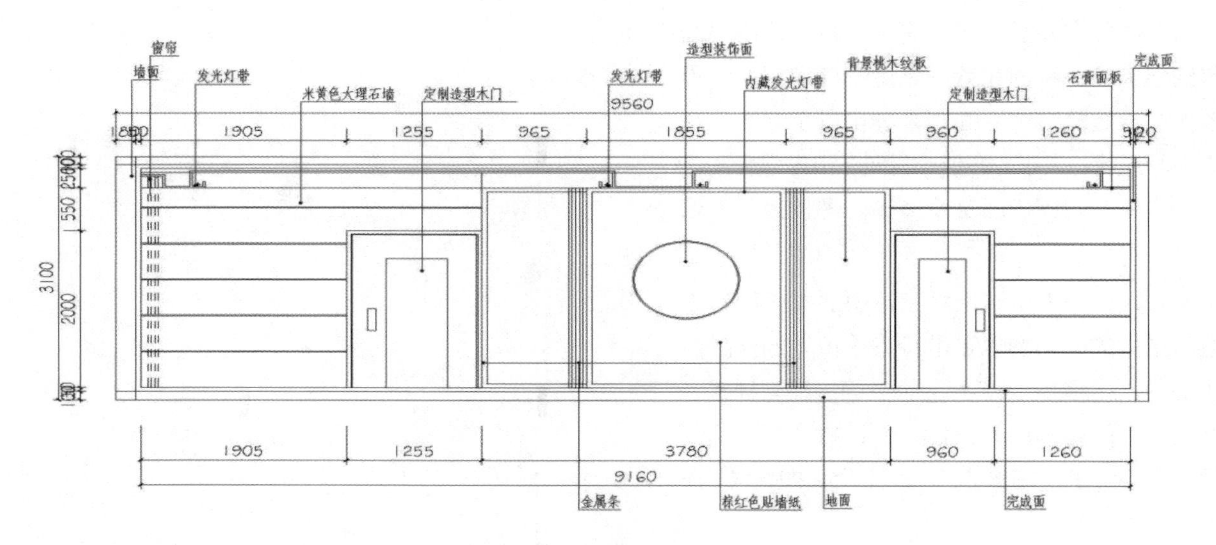

图 4-13　客厅立面图 2

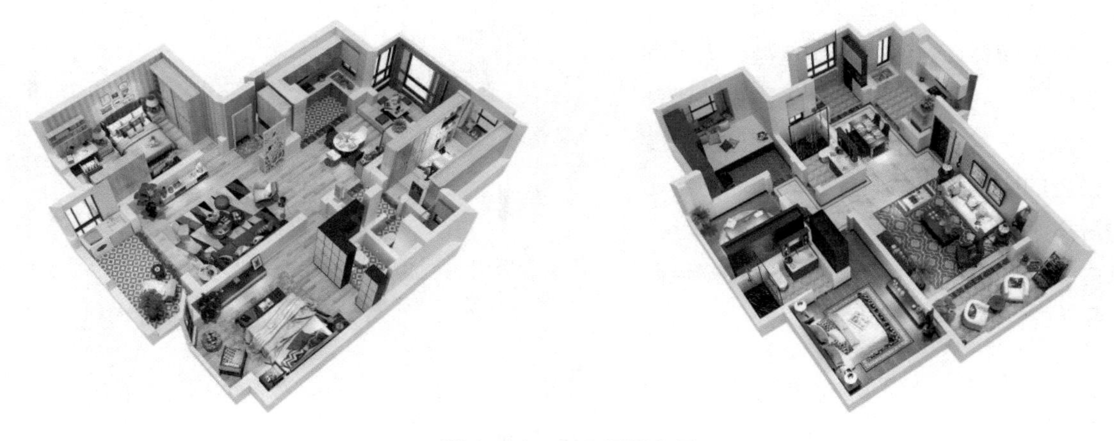

图 4-14　室内模型案例

室内模型根据设计任务要求及室内的规模，往往都选择比值较小的比例，以便于手工制作，常用的室内模型的比例有 1 ：15、1 ：20、1 ：25、1 ：30、1 ：50、1 ：100 等。其他部分根据模型比例和尺寸大小制作。室内模型案例如图 4-14 所示。

三、学习任务小结

通过本次课的学习，同学们了解了中式风格居住空间施工图的基本内容和绘制方法，认识到模型制作之前一定要拟定好方案设计图稿，确定好绘图比例、色彩。课后，同学们要多欣赏和分析不同类型施工图方案设计案例，归纳和总结出室内模型施工图设计的方法和技巧，全面提高自己的中式风格居住空间施工图的设计和绘制能力。

四、课后作业

（1）每小组收集 5 幅优秀的中式风格居住空间施工图作品进行赏析，每幅撰写 200 字左右的赏析文字，并以 PPT 的形式进行小组汇报。

（2）每人绘制中式风格居住空间模型设计施工草图 1 幅。

底座、墙体与门窗结构模型制作

教学目标

（1）专业能力：能够理解和掌握中式风格居住空间模型底座、墙体与门窗结构模型的制作。

（2）社会能力：通过课堂师生问答、小组讨论，提升学生的表达与交流能力。

（3）方法能力：通过欣赏模型案例、观看制作视频，让学生自主绘制室内家居模型工艺图样，提升实践能力，积累经验。

学习目标

（1）知识目标：能根据中式风格居住空间方案设计图稿设计与制作室内模型的底座、墙体与门窗结构。

（2）技能目标：能总结中式风格居住空间模型的制作方法和技巧。

（3）素质目标：能通过学习优秀的居住空间模型制作过程，提升专业兴趣，提高模型制作能力。

教学建议

1. 教师活动

（1）教师通过前期收集的优秀居住空间模型制作底座、墙体与门窗结构的视频，运用多媒体课件、教学视频等多种教学手段，进行知识点讲授和作品赏析。

（2）深入浅出、通俗易懂地引导学生对模型制作的过程进行分析讲解。

（3）引导课堂小组讨论，鼓励学生积极表达自己的观点，自主动手制作室内模型。

2. 学生活动

（1）认真听课，观看实操视频，加强对居住空间模型制作底座、墙体与门窗结构的感知，学会从优秀的作品中总结制作经验，积极大胆地表达自己的观点，与教师良好的互动。

（2）认真观察与分析，保持热情，学以致用，加强实践与总结。

一、学习问题导入

各位同学，大家好，今天我们一起来学习中式风格居住空间模型的底座、墙体与门窗结构模型的制作，前期的课程我们已经学习了设计构思和制图，在确认尺寸、材料以及制作工艺之后就可以正式进入模型制作环节了。

二、学习任务讲解

室内模型一般都要经过不同程度的比例缩小，模型的比例缩小由使用目的、表现规模、材料特性和表现细节程度 4 个方面来综合决定。根据设计任务要求及设计规模，室内模型的比例都较大，常用的室内模型的比例有 1 ：15、1 ：20、1 ：25、1 ：30、1 ：50、1 ：100 等。一般来说，采用较小的比例制作而成的单体模型在组合时往往缺少细节表现，应适当进行调整。

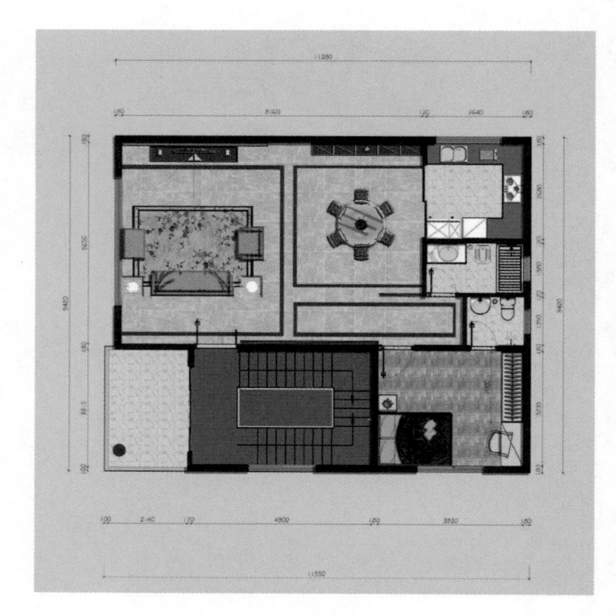

图 4-15　中式风格居住空间平面布置图

如图 4-15 所示为中式风格居住空间平面布置图，图 4-16 和图 4-17 所示为客厅立面图。

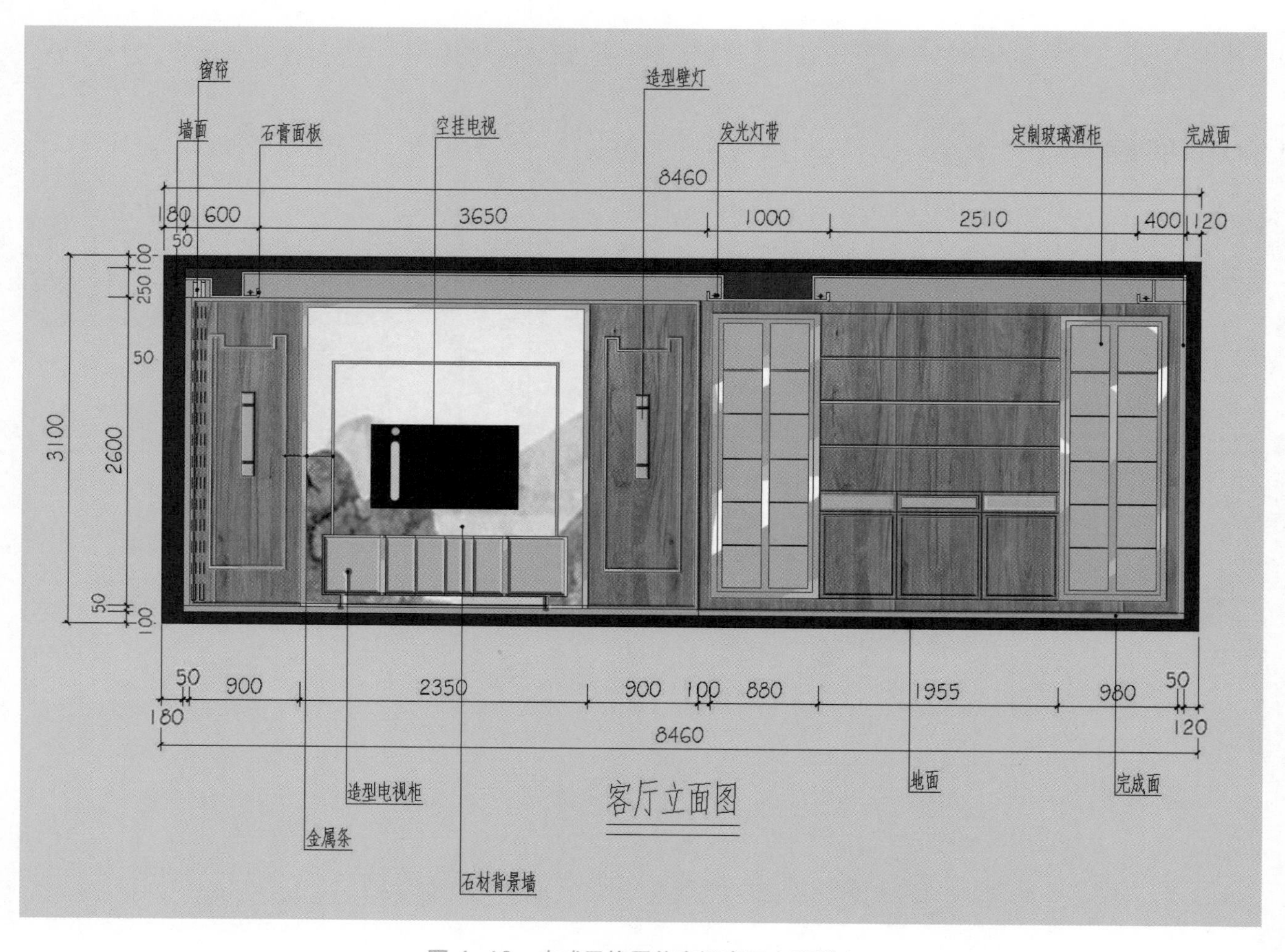

图 4-16　中式风格居住空间客厅立面图 1

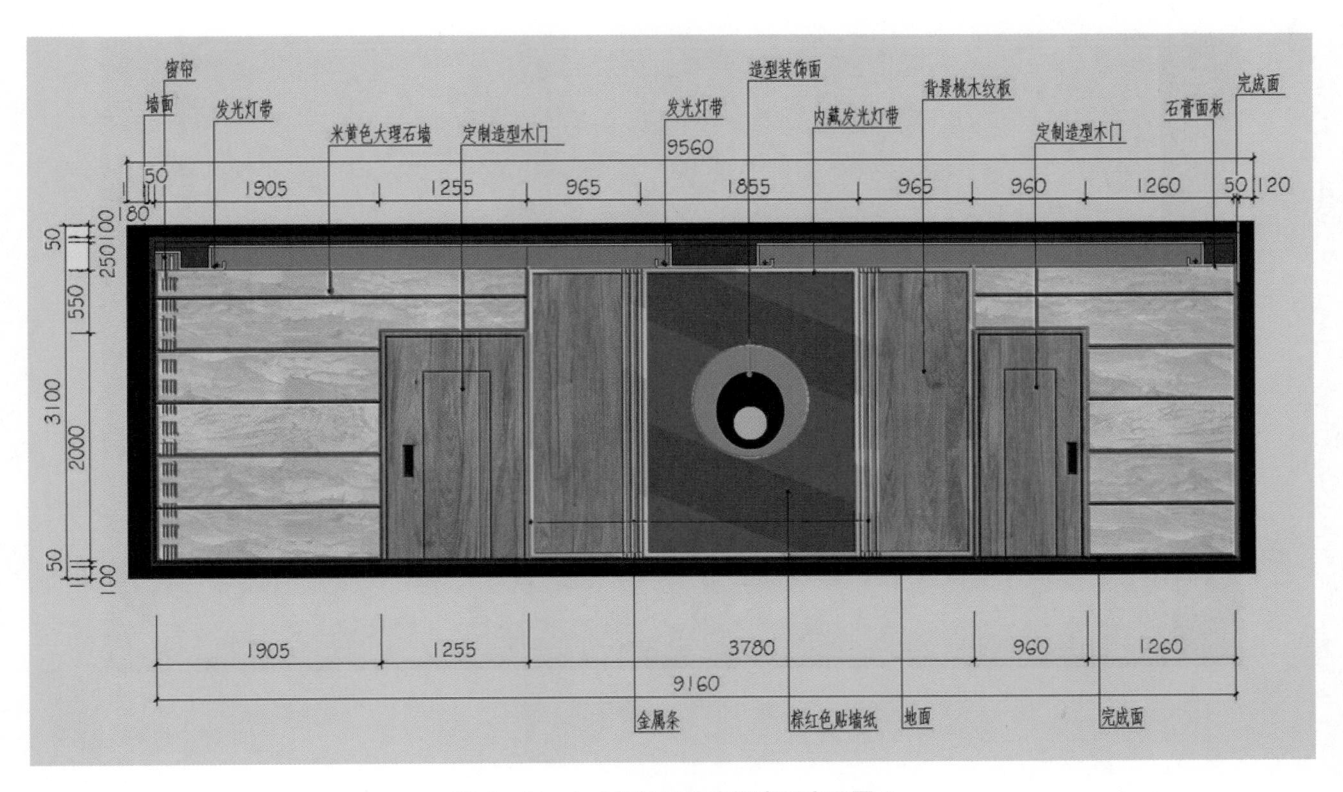

图 4-17　中式风格居住空间客厅立面图 2

1. 中式风格居住空间模型的底座制作

中式风格居住空间模型底座是室内模型最基本的支撑部件，它的大小、材质、风格直接影响室内模型的最终效果。底座的尺寸大小由模型主体量决定，因为一切模型构建都要建立在底座之上，所以底座模型要具有牢固、不变形、不开裂、易搬运的特点。底座的材料要选择材质好，且具有一定强度的材料。

中式风格居住空间模型的底座一般用木质底座。木质底座常采用 PVC 板，厚度一般为 18 mm，在底座四周钉上装饰线，可以增强底座的美感，并且有一定的防弯曲作用。

制作底座首先是切割底座平面，按照确定的比例计算模型的大小，再用电动圆锯切割木板。底座相当于整个模型的托板，要求结实、耐用，最好是用完整的木工板。切割的时候注意保持几个边平直、整齐，当底座切割好后，在四周镶上边框，如图 4-18 所示。

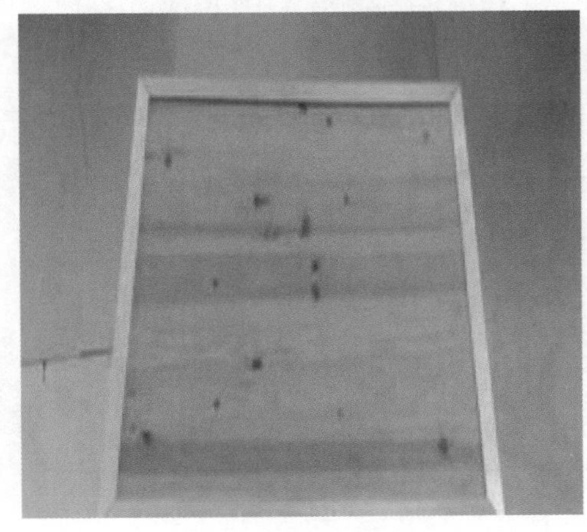

图 4-18　底座制作与镶边

2. 中式风格居住空间模型放样

根据模型制作比例要求，确定模型尺寸和拼装关系，绘制出模型制作工艺图样。加工制作前，应先将平面图按照实际比例放样，确保测量结果准确无误。

居住空间模型制作的放样首先针对墙体部分，PVC 板多为白色，模型放样时可将按比例缩小的设计图纸用圆珠笔等复制到 PVC 材料上，复制时落笔要轻，能辨识即可，如图 4-19 所示。

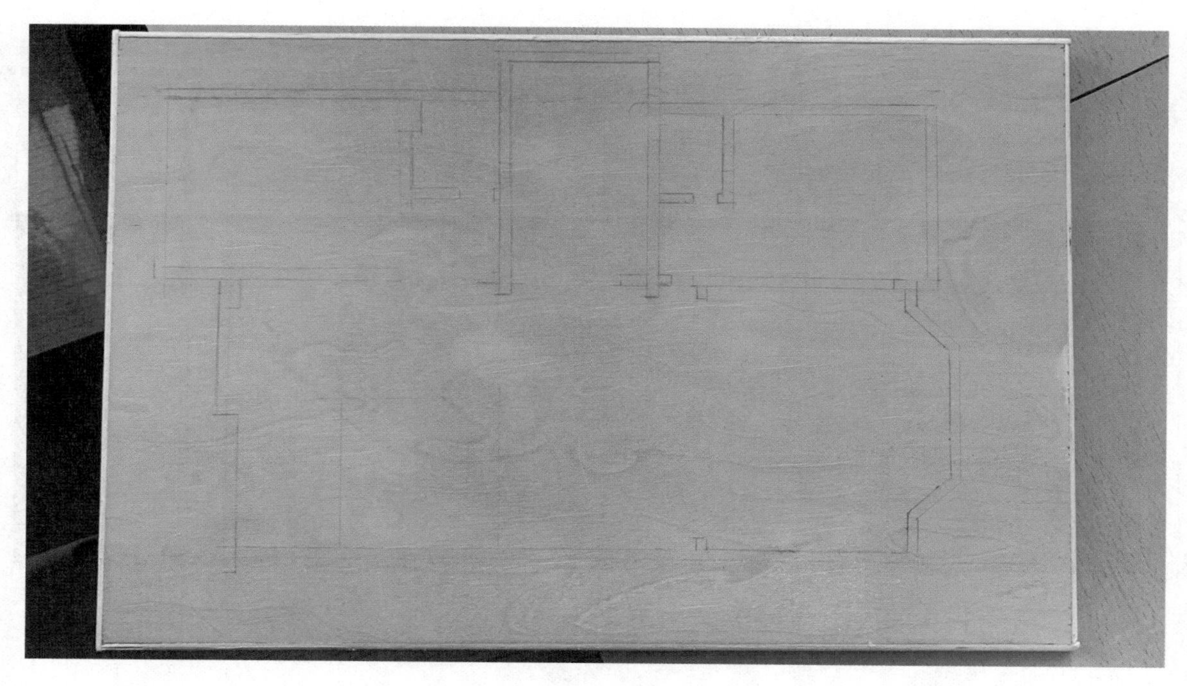

图 4-19　模型放样

3. 模型切割

模型放样完成后，即可对模型材料进行切割，切割方法可以分为手工裁切、手工锯切、机械切割和数控切割等。美工刀反面可以作为钩刀使用，用于切割有机玻璃。应注意保持刀刃的锋利，钝的刀刃会拉伤板材的表面。PVC 板材的切割较容易操作，但要求细节部分更加精细处理，如图 4-20 所示。

切割材料前首先在材料上设定位置，尽量保证最大化地利用材料。其次要注意切割部位的形态和尺度比例。在重复切割厚板材时，一方面要注意入刀的角度保持垂直，防止切口出现梯面或斜面；另一方面要注意切割力度均匀。切割时要与材料边缘保持至少 5 mm 的间距，给材料的打磨留出充足的空间，同时也避免将磨损的边缘纳入使用范围。手工切割材料的注意事项如下。

（1）硬纸板和薄的 ABS 板：拉刀速度不易过快。

（2）PVC 板：慢速拉刀，每次拉刀要用力，力争一次性切割完成。

（3）KT 板：快速拉刀，保持刀刃的锋利，刀尖尽量垂直于被割面。

（4）轻质木板：保持刀刃的锋利。

（5）塑料制品：用刀刃划出刻痕，将刻痕置于硬物上，再用适当的力下压两侧。

图 4-20　模型切割

在模型切割过程中还有一个至关重要的环节就是材料的打磨。打磨出来的材料经常会因为打磨时用力不均匀、打磨角度不当造成在黏结过程中对边不齐、缝角不平、弧度不流畅等问题。这就需要从整体上把握模型的尺度、精度，做到心中有数，打磨时用力一定要保持均匀，频率要高，要认真细致，需要打磨角度的尽量把握好角度的要求，如图 4-21 所示。

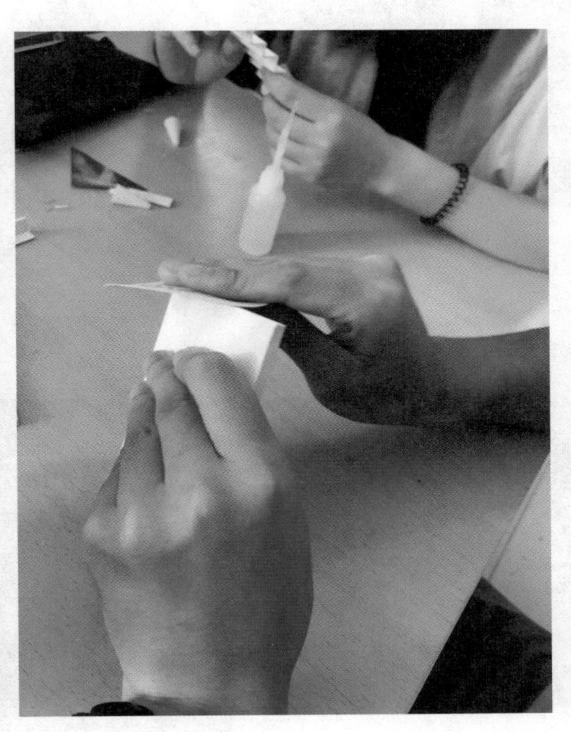

图 4-21　PVC 板材打磨

4. 模型主体的制作

（1）墙体的制作。

在室内模型制作过程中，墙体所占面积较大，整个模型的色调基本由墙面色彩来控制。因此，在选择材料时一定要考虑色彩和质感的因素。常用的墙体材料一般有 PVC 板、亚克力板、密度板等。墙体制作中所有的墙体高度都要统一，切面呈 90° 角，便于后续的粘贴。墙体切割技巧如下。

① 将切割好的墙体材料并合，检查高度是否统一。

② 复制多份比例图或纸样，作为制作细致浮雕或装饰时的依据。

③ 切割时注意工作台面保持平整，可以使用切割垫板。切割垫板用于保护桌面免于被刀子划伤，同时减少刀口磨损，保证切口垂直。墙体切割及组装如图 4-22 所示。

切割完成后，可用多种材质的纸粘贴装饰墙面。贴墙纸有两种方法：一种是可以先把每一块的墙体贴好了以后再进行组装，模型中每个房间的墙纸不一定相同，这就要求制作者在贴的时候要比对好墙面是属于哪个房间，确认每一块墙面的位置，以免造成材料的浪费；另一种是可以把墙体组装好以后再进行粘贴，这种粘贴方式比上一种更难操作，但是用这种方法粘贴，墙面的接缝处墙纸的完整性会更好，而且也不容易把房间的墙纸贴错。如图 4-23 所示。

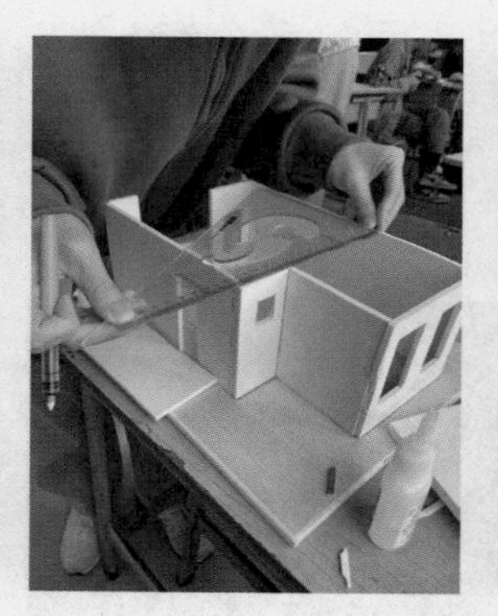

图 4-22　墙体切割及组装

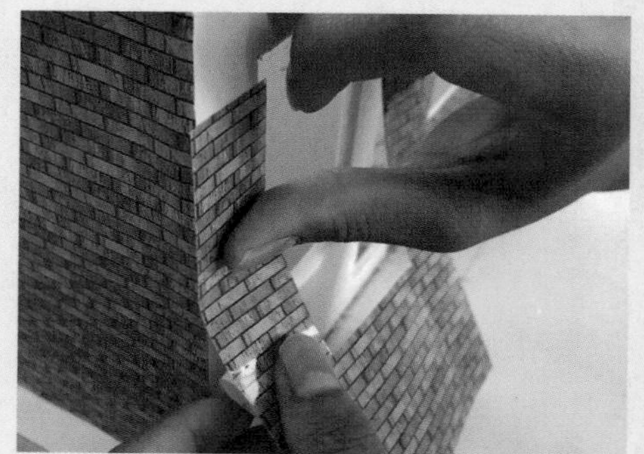

图 4-23　贴墙纸

（2）门窗的制作。

门的做法相对简单，制作模型时一般只需要做出门框即可。在切割墙体的时候可以预留门洞的位置，在墙体粘贴好后，可以用 0.8 mm 厚的 ABS 板手工切割出门框进行粘贴，然后根据设计方案的风格要求进行喷色或用丙烯颜料涂抹。制作好以后直接在门洞的位置插入进去，用 502 胶或其他快干性胶水固定即可，如图 4-24 所示。

窗户的大小尺寸也需视其比例而定，可以按照比例用刀切割好窗户的框架，然后涂上白色水粉颜料。窗框采用 0.8 mm 厚的 ABS 板，再粘贴一层 0.8 ~ 2 mm 厚的亚克力板，最后将窗户粘贴到窗洞处，如图 4-25 所示。

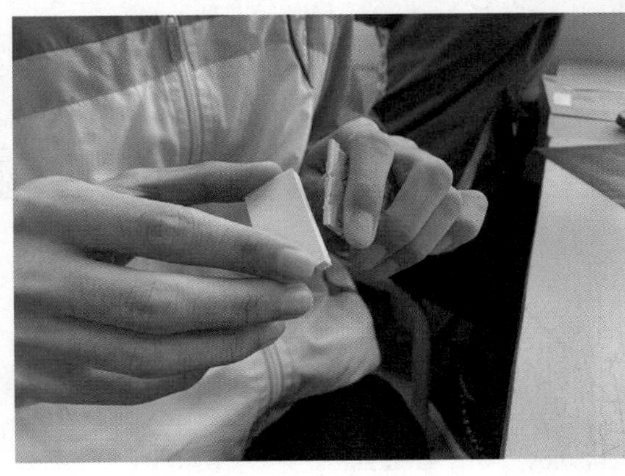

图 4-24　门制作

图 4-25　窗制作

5. 中式风格居住空间室内模型的组装

材料加工完毕后，接下来要完成的任务是模型组装，即把做好的各个单体部件准确地安装在模型的底座上。模型组装有下列几种方法。

（1）粘接。即将各种线、面、体块材料相互粘贴在一起，一般用 502 胶、AB 胶、U 胶等，如图 4-26 所示。

（2）钉接。即用铁钉将物体钉在一起或用螺丝钉将物体连接在一起的一种方式，这种组装方式既牢固又容易拆卸。

（3）榫接。这种连接方式在古建筑和家具上应用较多，它是将榫头插入榫眼或榫槽，使材料对接，外观美观并且牢固。

模型组装时要按照顺序分别将墙体固定，墙体沿着放样的图纸进行粘贴，可以借助三角尺等工具来保证精确度，粘贴过程中还可以使用胶带固定墙的结合点，如图 4-27 所示。

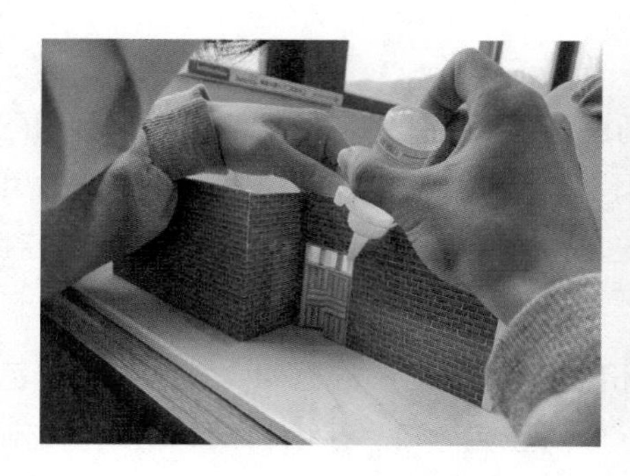

图 4-26　基础构建模型粘接

图 4-27　模型墙体组装

三、学习任务小结

通过本次课的学习，同学们详细了解了中式风格居住空间模型底座、墙体和门窗的制作，掌握了模型的放样、底座的制作、模型切割方法、墙体制作、门窗制作、模型组装等知识点。课后，同学们要多观看模型制作的视频，动手制作模型的底座、墙体和门窗，全面提高自己的模型制作能力。

四、课后作业

分小组完成一套中式风格居住空间的室内墙体模型制作。

中式风格家具模型制作

教学目标

（1）专业能力：掌握中式风格家具模型制作的方法和技巧。

（2）社会能力：了解中式风格家具的种类和特点。

（3）方法能力：资料整理和归纳能力、设计创新能力、发散思维能力。

学习目标

（1）知识目标：能根据空间的功能需求和美学要求合理地设计和制作中式风格家具模型。

（2）技能目标：能合理选用材料制作中式风格家具模型。

（3）素质目标：能通过鉴赏优秀的家具模型作品，提升中式风格家具模型制作能力。

教学建议

1. 教师活动

教师讲解和示范中式风格家具模型的制作方法，并指导学生进行制作。

2. 学生活动

学生观看教师示范中式风格家具模型的制作方法，并动手实践。

一、学习任务导入

各位同学，大家好，今天我们一起来学习中式风格家具模型的制作方法。中式风格家具是中国传统文化的结晶，其选材考究、造型别致、雕刻精美，既美观又实用，体现出中国传统文化独特的意蕴和魅力，如图4-28所示。

图4-28　中式风格家具

二、学习任务讲解

1. 中式风格家具的特点

中式古典风格家具以明式和清式家具为代表。明式家具形式简洁，造型纤巧，重视天然纹理，没有多余的装饰，达到功能与美学的高度统一。明式家具常用的材料有黄花梨木、紫檀木、红木、楠木等硬性木材，并采用大理石、玉石、贝螺等多种材料进行局部镶嵌装饰，如图4-29所示。

清式家具以苏式、京式和广式为代表。苏式家具风格秀丽、精巧。京式家具因皇室及贵族的特殊要求，造型庄严，尺寸宽大，威严华丽，如图4-30所示。

新中式风格家具融合了中式风格家具的特色与现代造型手法，其线条简单流畅，层次分明，软硬结合，既美观又实用，如图4-31所示。

图4-29　明式圈椅

图4-30　清式家具

图4-31　新中式风格客厅布局

2. 中式风格家具模型的制作方法

（1）中式风格椅子的制作。

步骤一：根据设计要求画出椅子的平、立面图纸，注意把握比例关系。

步骤二：把画好的椅子平、立面图纸复制到 PVC 板或 ABS 板上，再用刀具根据图纸进行切割；将椅子的靠背、座面、椅脚和扶手切割出来。

步骤三：切割完成后进行打磨和粘贴，完成椅子的制作，如图 4-32 所示。

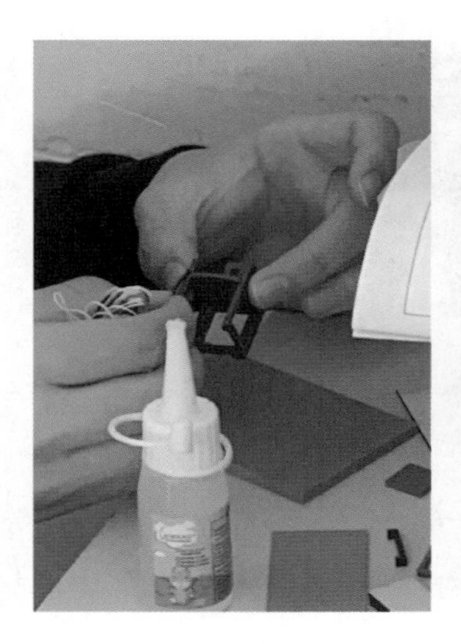

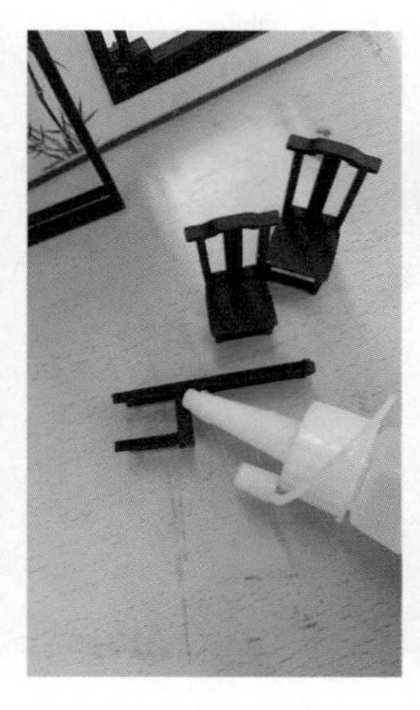

图 4-32　中式风格椅子制作

（2）中式风格沙发的制作。

步骤一：根据设计要求画出沙发的平、立面图纸，注意尺寸和比例关系。

步骤二：把画好的沙发平、立面图纸复制到 PVC 板或 ABS 板上，再用刀具根据图纸进行切割；将沙发的靠背、座面、椅脚和扶手切割出来，并粘贴成为完整的沙发骨架。

步骤三：用布料包裹海绵制作沙发的坐垫和靠背、靠垫，并用胶水粘贴。

步骤四：将制作好的沙发坐垫和靠垫固定在沙发骨架上，如图 4-33 所示。

图 4-33　中式风格沙发模型

（3）中式风格床的制作。

步骤一：根据设计要求画出床的平、立面图纸，注意尺寸和比例关系。

步骤二：把画好的床的平、立面图纸复制到 PVC 板或 ABS 板上，再用刀具根据图纸进行切割；将床的靠背、床架、床脚切割出来，并粘贴成为完整的床架。

步骤三：用布料包裹海绵制作床垫和枕头，将花布裁剪成床单覆盖在床垫上。

步骤四：将制作好的床单、床垫固定在床架上，如图 4-34 所示。

图 4-34 中式风格床模型

（4）中式风格柜子的制作。

步骤一：根据设计要求画出柜子的平、立面图纸，注意尺寸和比例关系。

步骤二：把画好的柜子的平、立面图纸复制到 PVC 板或 ABS 板上，再用刀具根据图纸进行切割；将柜子的框架、内部层架、柜门切割出来，并粘贴成为完整的柜子。

步骤三：用绘图笔将柜门上的中式风格装饰图案绘制出来，如图 4-35 和图 4-36 所示。

图 4-35 中式风格柜子

图 4-36 博古架

三、学习任务小结

通过本次课的学习，同学们初步掌握了中式风格家具模型的制作方法。课后，同学们要多动手练习制作中式风格家具模型，提高自己的家具模型制作水平。

四、课后作业

每人制作 5 个中式风格家具模型。

中式风格软装饰品模型制作

教学目标

（1）专业能力：了解中式风格软装饰品模型制作的方法和技巧。

（2）社会能力：能将 PVC 板材巧妙地应用于家具、陈设饰品模型制作中。

（3）方法能力：中式风格软装饰品的收集与整理能力、设计创新能力、发散思维能力。

学习目标

（1）知识目标：能够根据中式风格软装饰品合理地搭配家具。

（2）技能目标：能够利用 PVC 板设计、搭配制作室内家具和中式风格软装饰品。

（3）素质目标：能通过鉴赏优秀的家具软装设计作品，提升软装设计、制作、搭配能力。

教学建议

1. 教师活动

（1）教师通过前期收集的优秀中式风格软装设计作品的展示，让学生感受软装设计历史的演变，了解中式软装的设计风格。同时，运用多媒体课件、教学视频等多种教学手段，进行知识点讲授和作品赏析。

（2）遵循教师为主导、学生为主体的原则，采用启发式和互动式教学法，以情景（案例）带入的方式帮助学生记忆关键内容。用播放讲解制作视频的方式加深学生对关键内容的理解，引导学生对优秀软装饰品设计作品进行分析和探讨。

（3）通过课堂讨论、课堂讲演的方式，鼓励学生积极表达自己的观点。

2. 学生活动

（1）强化对软装设计制作的感性认知，学会欣赏优秀的软装设计作品，并积极大胆地表达出来。

（2）提升利用 PVC 板制作软装饰品模型的创新能力和实践动手能力。

一、学习问题导入

中式风格软装饰品按软装配饰的质地划分，可以分为木制品、金属品、布艺品等。木制品给人一种敦实、厚重的感觉，使空间增加沉稳感，如图 4-37 所示。金属品表面光泽度高，挺拔硬朗，给人以强烈的现代感和时尚感，如图 4-38 所示。布艺品的材质给人以舒适感和柔软感，适量运用布艺可使空间增添温馨的氛围，如图 4-39 所示。

图 4-37　木质品

图 4-38　金属品

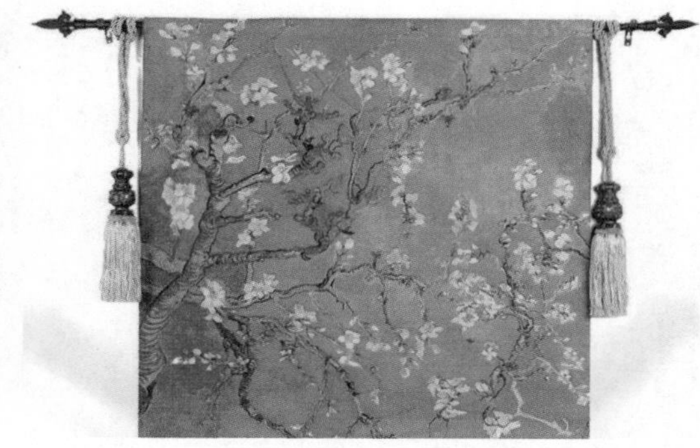

图 4-39　布艺品

二、学习任务讲解

1. 中式风格软装饰品基本知识

中式风格软装饰品是对中国优秀文化的传承和演绎，是对中国传统文化的提炼和再设计。其提炼了中国传统经典元素并加以简化，在造型形态上更加简洁清秀，同时又在色彩和材质上表现出一定的变化和特色。

2. 中式风格软装饰品分类

（1）实用性软装饰品：具有一定实用性和使用价值的软装饰品，如织物用品、家电用品、生活器皿、灯具等，如图 4-40 所示。

图 4-40　实用性软装饰品

（2）装饰性软装饰品：以追求精神功能和以观赏性为主的软装饰品，如艺术品、工艺品、纪念品等，如图 4-41 所示。

3. 中式风格软装饰品布置原则

（1）软装饰品的选择与布置要与室内空间整体风格、格调相一致。选择软装饰品要从材质、色彩、造型等多方面进行考虑，与室内空间的造型以及家具的样式相互呼应，为营造室内空间氛围而服务。

（2）软装饰品的大小要与室内空间尺度及家具尺度形成良好的比例关系。软装饰品的大小应以空间尺度与家具尺度为依据而确定，不宜过大，也不宜过小，最终达到视觉上的均衡效果。

图 4-41　装饰性软装饰品

（3）软装饰品的陈列与布置要主次得当，增加室内空间的层次感。可以利用软装饰品突出空间的视觉中心，同时，避免杂乱无章的陈列效果。

4. 中式风格软装饰品模型制作

（1）抱枕模型的制作。

抱枕模型制作的材料有中式丝绸棉布、棉花和针线。先用剪刀裁剪出方形的布料，然后往布料中塞入棉花填充至圆鼓的形状，最后缝合起来即可，如图 4-42 和图 4-43 所示。

（2）屏风模型的制作。

选用 0.8 mm 厚的 PVC 板手工切割出屏风模型面板，可以用勾刀在面板上制作划痕，用美工刀在面板上切割出精细的屏风花样样式，再经过钻孔、磨边、雕刻镂空处理，完成制作，如图 4-44 所示。

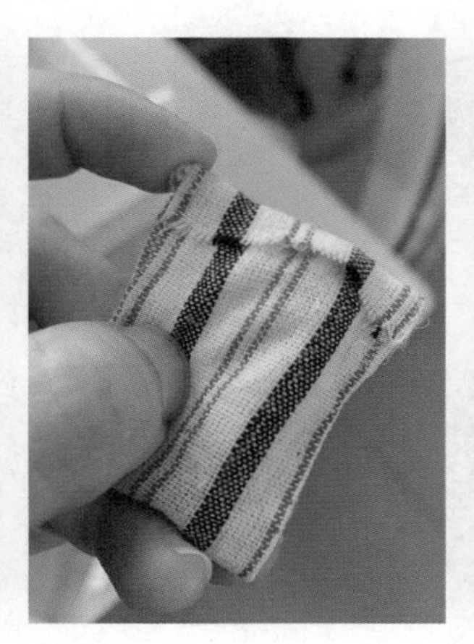

图 4-42　抱枕模型制作

5. 中式风格软装饰品模型上色

（1）手涂上色法。

手涂上色法即用手平涂的方式对模型上色，可以使用油画材料、丙烯颜料、水粉颜料、油漆等。手涂上色法要保证涂色的均匀和细腻。

（2）自喷类涂料上色法。

自喷类涂料上色法即利用喷枪或自喷漆进行上色，可以让色彩更加均匀。自喷漆是一种较为理想的上色剂，喷漆前模型表面应保持干净无尘。喷漆时被喷面一定要水平放置，避免因漆层过厚而出现流挂现象。还要注意模型与喷漆罐的角度与距离，模型与喷漆罐的夹角一般在 30° ~ 50° 之间，距离以 300 mm 左右为宜。在使用自喷漆

图 4-43　抱枕模型

图 4-44　屏风模型

时应特别注意出漆量和均匀度。由于喷漆颜料具有挥发性，使用时要注意自身防护，要在空气流通的地方操作。

家具上色前后对比如图 4-45 所示。

6. 中式风格软装饰品模型布盘

布盘即对软装饰品模型及配景模型等部件进行定位，并布置摆放到空间模型之中。布盘要讲究整体性、和谐性和均衡性。可以运用形式美的法则，如对称、平衡、节奏、韵律、对比、调和、尺度等进行合理的布置。模型的色彩既要明快、清晰，又要和谐、统一。布盘时要将室内家具和软装饰品模型全部定位、粘贴到空间模型中，形成整体的室内空间效果，如图 4-46 所示。

图 4-45　家具上色前后对比

图 4-46　模型布盘

三、学习任务小结

通过本次课的学习，同学们初步了解了中式风格软装饰品的分类以及模型制作方法。课后，同学们要多动手制作不同类型中式风格软装饰品模型，总结软装饰品模型的制作经验，全面提高自己的软装饰品模型制作能力。

四、课后作业

每人制作 3 个中式风格软装饰品模型。

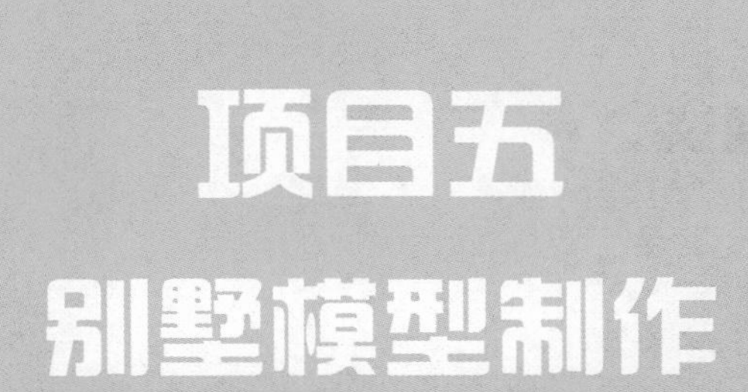
项目五
别墅模型制作

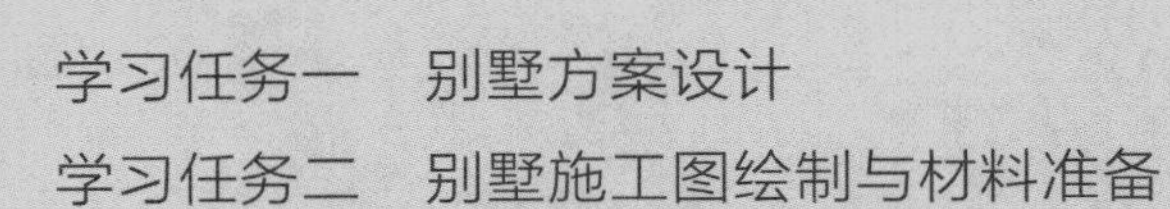

别墅方案设计

教学目标

（1）专业能力：了解别墅方案设计的基本内容及表达方式，并能进行别墅方案设计。

（2）社会能力：别墅方案设计能力和绘图能力。

（3）方法能力：信息和资料收集能力，设计案例分析、提炼及应用能力。

学习目标

（1）知识目标：了解别墅方案设计的方法和绘图要求。

（2）技能目标：掌握别墅方案设计的方法和绘图技巧。

（3）素质目标：培养认真、细致、严谨的品质。

教学建议

1. 教师活动

（1）收集优秀的别墅方案设计案例，运用多媒体课件和教学视频等多种教学手段，进行知识点讲授和技能指导。

（2）导入别墅方案设计案例，引导学生对别墅方案设计案例进行分析和讨论，组织别墅方案设计的综合实训。

2. 学生活动

（1）提前预习，认真听讲，仔细观察，积极思考，参与讨论，完成别墅方案设计综合实训。

（2）主动学习，互帮互助，互查互评，互相进步，锻炼组织沟通表达能力。

一、学习问题导入

别墅是指独栋或联排的大型居住建筑，其室内面积较大，功能齐全，环境优美，是一种高端住宅。别墅模型制作的流程包括模型方案设计、模型制作材料准备、模型结构框架制作、模型墙体和门窗制作、模型家具与软装饰品制作、模型园林景观制作等。别墅效果图如图 5-1 所示。

图 5-1　别墅效果图

二、学习任务讲解

1. 别墅的概念与分类

（1）别墅的概念。

别墅是指包括地下层在内的两至三层楼形式的独立的园林式居所，一般都独立成栋，面积较大，功能齐全。

（2）别墅的分类。

常见的别墅主要有以下几类。

① 独栋别墅：独门独院的别墅，内有功能齐全的室内空间，外有私家花园，是一种私密性较强的单体别墅。

② 联排别墅：有独立的院子和车库，由三个或三个以上的单元住宅组成，邻居之间有共用墙。

③ 双拼别墅：介于联排别墅与独栋别墅之间的产品，由两个单元的别墅拼联组成。

④ 叠拼别墅：介于别墅与公寓之间，由多层的复式住宅上下叠加在一起组合而成。

⑤ 空中别墅：位于城市中心地带的高层复式住宅。

不同种类的别墅模型如图 5-2 ~图 5-5 所示。

图 5-2　独栋别墅

图 5-3　联排别墅

图 5-4　双拼别墅

图 5-5　叠拼别墅

2. 别墅方案设计

别墅方案设计是指针对别墅室内外空间进行的空间分布、风格样式、界面造型、装饰材料、色彩、通风、采光、照明、园林景观等的综合设计。别墅方案设计的核心是别墅室内空间的设计，其设计图纸包括室内主要空间的效果图和施工图。

别墅方案设计应注意以下问题。

（1）别墅室内空间功能较为齐全，总体上可以分为公共空间和私密空间。公共空间包括客厅、餐厅、厨房、公共卫生间、影音室、KTV 室、酒窖、茶室等功能空间。私密空间包括主卧室、老人卧室、儿童卧室、书房等功能空间。

（2）别墅室内空间要注意动静分区，以及走道流线的顺畅，为了造型美观，很多别墅空间的布局都采用轴线对称的形式。别墅的采光和照明要明亮，通风要顺畅，避免潮湿。

（3）别墅的风格样式众多，以欧式风格、中式风格、自然风格和现代简约风格为主要代表。别墅的界面造型一般都较为丰富，通过复杂的造型和材料变化体现空间的奢华感。别墅室内装修常用的材料包括大理石、不锈钢、木饰面、柔性材料、墙纸等。

不同功能空间的别墅设计如图 5-6 ～图 5-15 所示。

图 5-6　别墅客厅设计 1

图 5-7　别墅客厅设计 2

图 5-8　别墅酒窖设计

图 5-9　别墅女孩房设计

图 5-10　别墅男孩房设计

图 5-11　别墅主卧室设计

图 5-12　别墅餐厅设计

图 5-13　别墅影音室设计

图 5-14　别墅台球室设计

图 5-15　别墅老人卧室设计

三、学习任务小结

通过本次课的学习，同学们初步了解了别墅的种类，以及别墅方案设计的内容。通过赏析别墅室内空间设计案例，了解了别墅空间方案设计的具体内容。课后，大家要多收集别墅方案设计案例，提升对别墅方案设计的认知。

四、课后作业

收集 3 个别墅方案设计案例，并制作成 PPT 进行分享。

别墅施工图绘制与材料准备

教学目标

（1）专业能力：了解别墅施工图的基本内容及表达方式，能进行别墅施工图绘制。

（2）社会能力：提升学生的施工图设计能力和绘图能力。

（3）方法能力：培养学生的实践操作能力和专业图纸的绘制能力。

学习目标

（1）知识目标：掌握别墅施工图的绘制方法，收集别墅模型制作材料。

（2）技能目标：能规范地绘制别墅施工图。

（3）素质目标：培养严谨细致的作风，提升施工图绘制的专业能力。

教学建议

1. 教师活动

（1）收集别墅施工图，并运用多媒体课件和教学视频等多种教学手段，进行知识点讲授和技能实训指导。

（2）导入别墅设计案例，引导学生对别墅施工图进行分析和讨论。

2. 学生活动

（1）提前预习，认真听讲，仔细观察，积极思考，参与讨论，完成别墅施工图综合实训。

（2）主动学习，互帮互助，互查互评，互相进步，锻炼组织沟通表达能力。

一、学习问题导入

别墅施工图主要通过 AutoCAD 软件绘制，包括平面布置图、天花设计图、水电设计图、立面图、剖面图和大样图。别墅施工图是制作别墅模型的基础性图纸，在制作别墅模型时可以根据具体的施工图，绘制别墅底座尺寸图、别墅模型立面图、别墅墙体平面图等图纸，为别墅模型制作提供依据。

二、学习任务讲解

1. 别墅施工图的基础知识

建造一幢房屋从设计到施工，要由许多专业的工程师共同配合来完成。别墅施工图按专业分工不同，可分为：建筑施工图（简称建施）、结构施工图（简称结施）、电气施工图（简称电施）、给排水施工图（简称水施）及装饰施工图（简称装施）等。

房屋建筑及园林景观等施工图是用来表达建筑物构配件的组成、外形轮廓、平面布置、结构构造以及装饰方案、尺寸大小、材料做法等的工程图纸，是组织施工和编制预、决算的依据，同时也是模型制作的参考标准和依据。

别墅模型制作涉及的施工图纸包括：景观总平面图、建筑平面图、建筑立面图、建筑剖面图、建筑详图、室内平面布置图、室内立面图、家具三视图等。

2. 别墅施工图绘制内容及案例

（1）总平面图。

① 表示出设计范围的尺寸。

② 表示出设计范围的平面形状。

③ 表示出设计范围的地形标高。

④ 表示出建筑物一层的外墙轮廓。

⑤ 表示出道路系统、停车位置等。

⑥ 表示出植物的配置情况及植物名称。

⑦ 表示出详图索引编号。

⑧ 表示出地面造型及铺砖材料。

⑨ 表示出园林的地形水体、园林小品等造型。

⑩ 表示出图名、比例及指北针等。

⑪注明比例，常用比例为 1：500、1：1000、1：2000 等。

花园总平面图如图 5-16 所示。

（2）室内平面布置图。

① 表示出居室朝向。

② 表示居室平面形状、空间布局、具体尺寸和面积。

③ 注明门、窗、洞口具体位置尺寸和门的开启方向。

④ 注明梁、柱、墙等的位置。

⑤ 注明烟灶、马桶、地漏、空调口以及原始水电的位置。

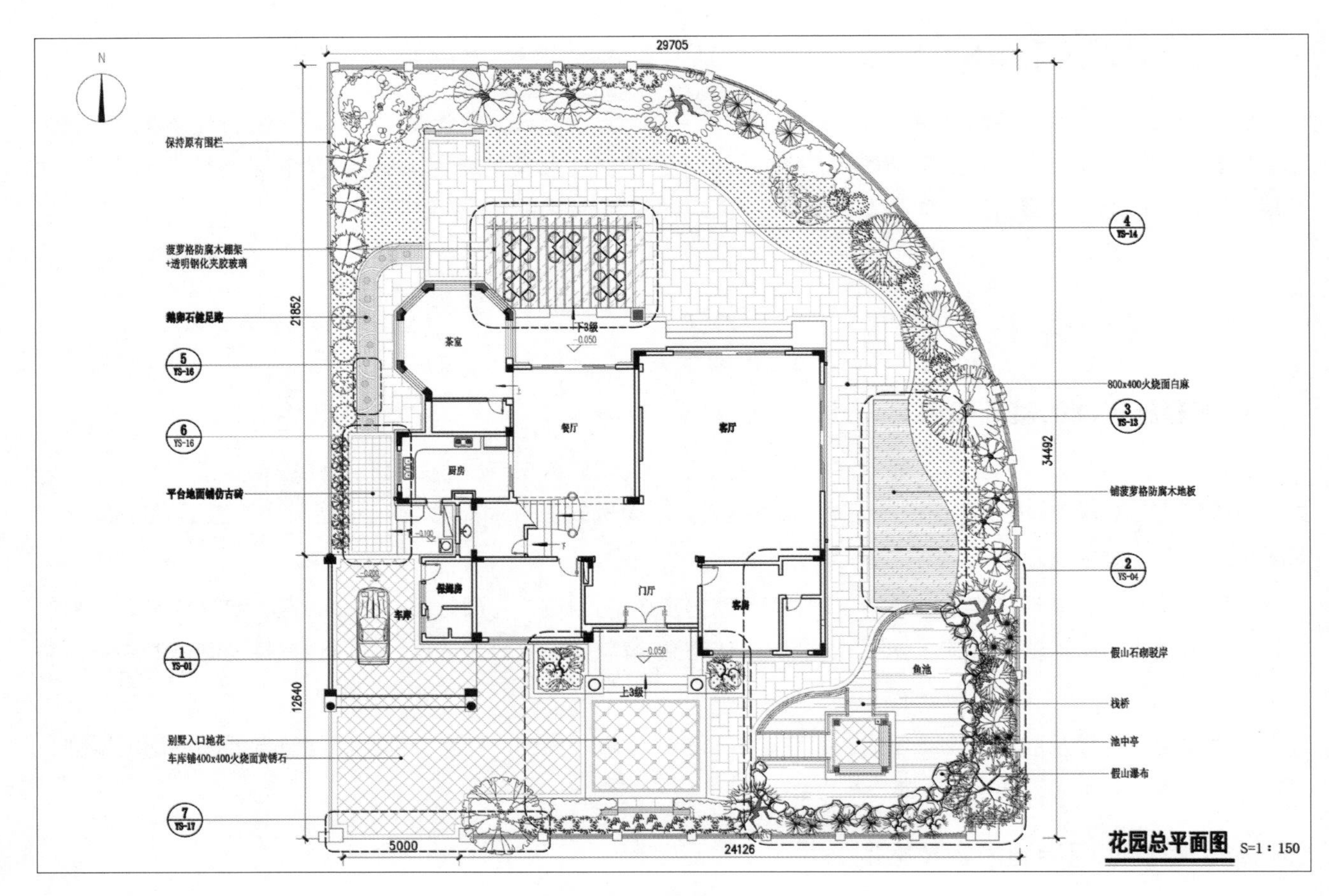

图 5-16　花园总平面图

⑥ 若有楼梯，注明楼梯位置、踏步、扶手以及走向。

⑦ 注明墙柱、门窗、设备细部的尺寸，注明图名比例。

⑧ 表示出室内家具、软装饰品的平面空间摆放位置。

⑨ 注明比例，常用比例为 1：75、1：100、1：200 等。

室内平面布置图如图 5-17 所示。

（3）立面布置图。

①表示出垂直面的可见装修部位的立面造型。

②表示出家具、灯具和陈设品的立面造型。

③注明尺寸及标高。

④注明立面图节点剖切索引号、大样索引号。

⑤注明立面图所使用的装修材料及其说明。

⑥注明立面图的图号名称及立面索引编号。

⑦注明比例，常用比例为 1：25、1：30、1：50 等。

室内立面图如图 5-18 所示。

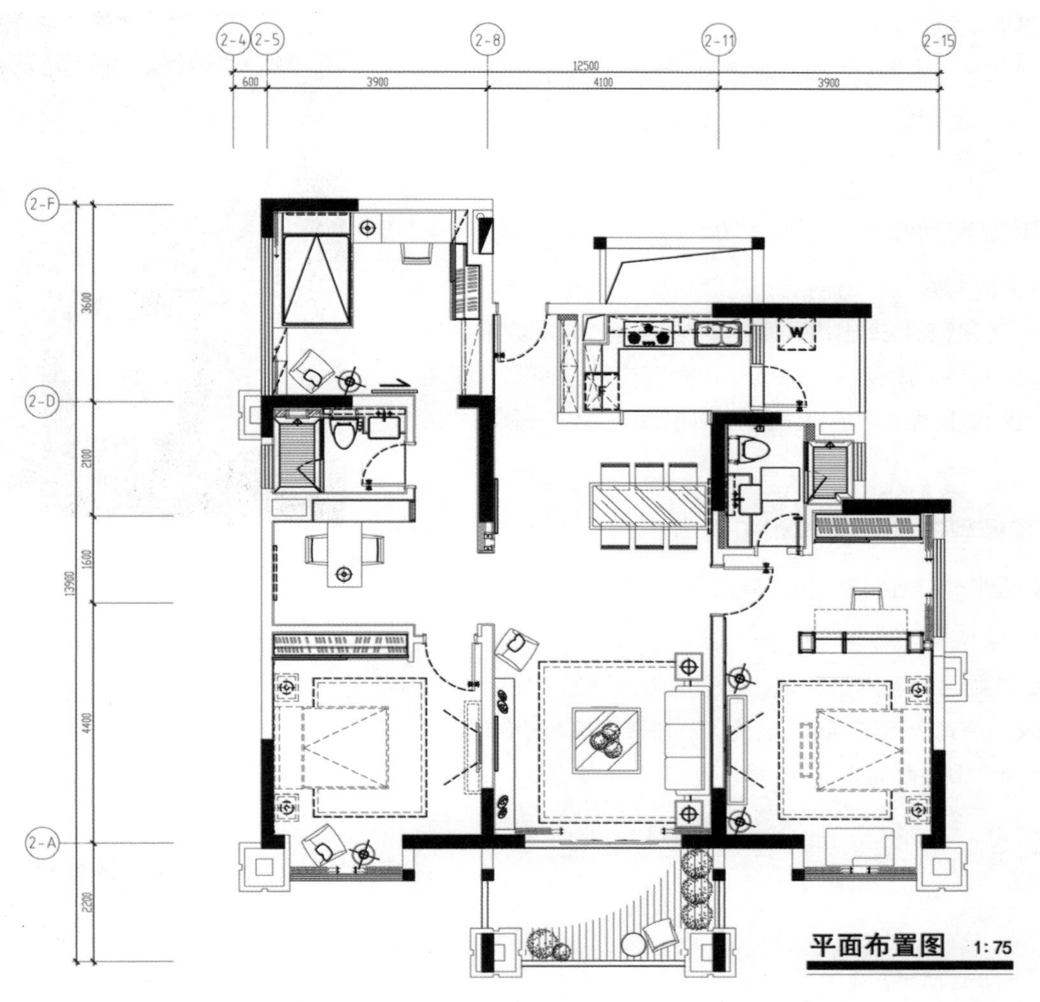

图 5-17　室内平面布置图

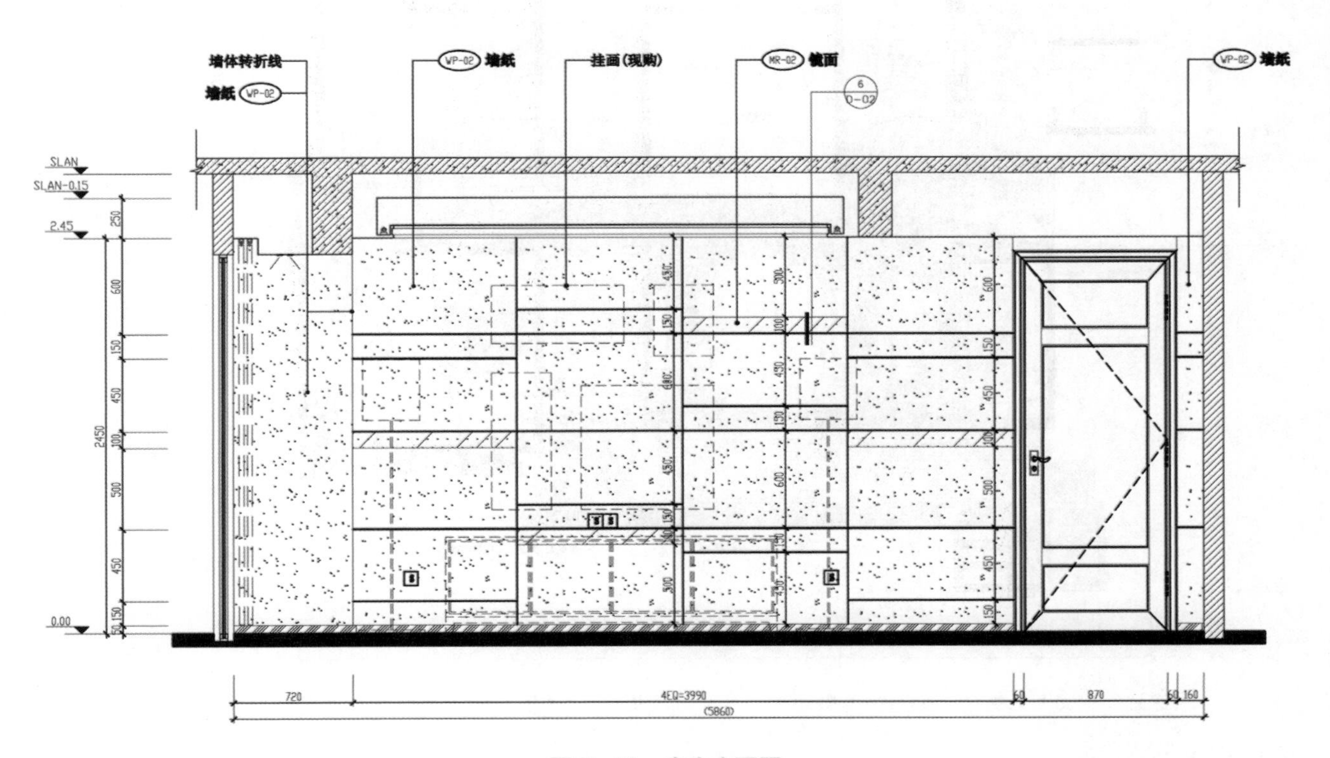

图 5-18　室内立面图

（4）其他辅助设计图。

根据别墅模型制作需要绘制鸟瞰图、室内空间效果图、夜景灯光效果图、彩平图、材料示意图、铺装图等，如图 5-19 和图 5-20 所示。

图 5-19　别墅客厅效果图

3. 别墅模型制作前的图纸整理

在完成了别墅施工图绘制后，需要对模型制作材料进行统计，根据施工图图纸整理出需购买的材料种类名称及数量。为制作别墅模型方便，需要绘制和整理别墅底座放样图、立面墙体排版图、地砖排版图、门窗排版图等，如见图 5-21 ~ 图 5-24 所示。

4. 别墅模型的制作材料和工具

别墅模型制作常用的材料和工具如下。

（1）ABS 板。

ABS 板主要用于墙体和家具，以及地砖、屋顶、建筑小品的制作。ABS 板颜色主要为浅白色或瓷白色，特点是弹性好，具有一定的硬度和柔韧度，拼接简单，无毒无味，不易划伤，不易变形。常用厚度为 2.0 mm、3.0 mm、5.0 mm、8.0 mm、10.0 mm 等。

图 5-20　彩平图

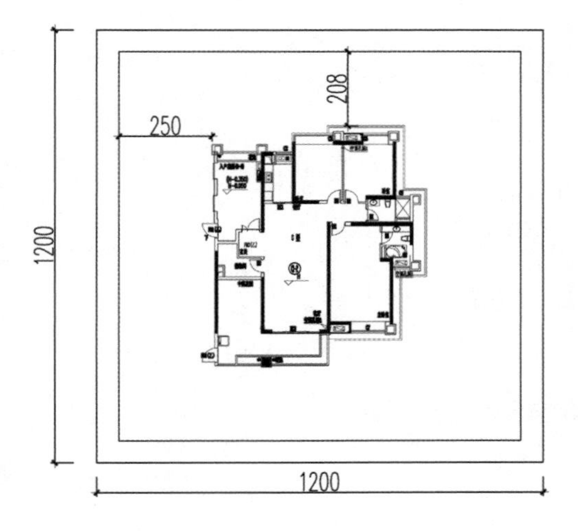

图 5-21　底座放样图（单位：mm）

图 5-22　立面墙体排版图

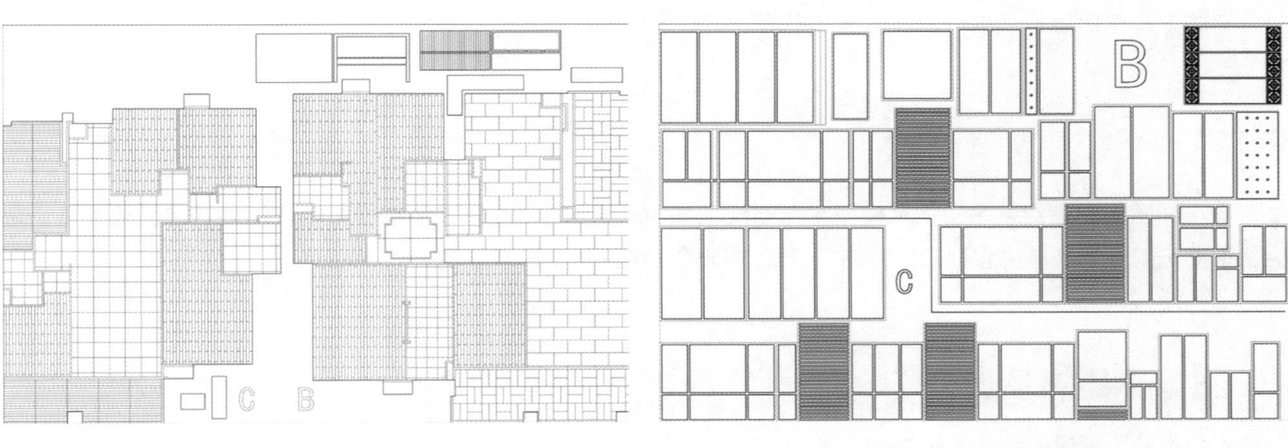

图 5-23　地砖排版图

图 5-24　门窗排版图

（2）有机玻璃板。

有机玻璃板又叫亚克力板，是制作建筑模型墙面、房顶、窗户和水面及模型保护罩的常用材料。可采用机器精雕，效果逼真。常用厚度为 2.0 mm、6.0 mm、10.0 mm 等。

（3）KT 板。

KT 板是一种由聚苯乙烯颗粒经过发泡生成板芯，再经过表面覆膜压合而成的材料。其特点是质量轻、易加工。常见颜色为白色和黑色，也可加工成其他色彩。

（4）竹木板。

竹木板是以雪糕棒为主的一种木质材料，其特点是方便拼接、粘贴和上色。

（5）其他材料。

① 安迪板：常用于制作墙体、家具等物品。

② 细木工板：常用于制作模型底座。

③ 布料：常用于制作室内的窗帘、床单、枕头、沙发等软装饰品。

④ 水纹纸：常用于制作水体、游泳池。

⑤ 草粉、草坪纸：常用于制作绿地、草坪。

⑥ 树粉：常用于制作树木的枝叶、花卉等。

⑦ 装饰纸：用于室内外建筑模型中各种材料的仿真装饰，有木纹纸、大理石纹纸等。

（6）切割工具。

切割工具包括美工刀、勾刀、剪刀、锯子、精雕机、激光切割机等。

（7）测绘工具。

测绘工具包括 T 形尺（丁字尺）、三角板、三棱比例尺、钢板尺、量角器、圆规等。

（8）粘贴工具。

粘贴工具包括 U 胶、美纹胶、502 胶、手工胶、白乳胶、热熔胶枪（胶条）等。

（9）修整工具。

修整工具包括锉刀、砂纸、砂纸机、砂轮机等。

（10）辅助工具。

辅助工具包括镊子、钳子、注射器、毛笔、切割垫板等。

三、学习任务小结

本次课同学们主要学习了别墅模型制作的施工图的来源与作用，以及别墅模型制作常用的材料和工具。掌握了别墅施工图的表达内容以及如何进行模型制作的材料分类和排版整理。

四、课后作业

练习绘制别墅模型制作所需的施工图。

别墅模型底座与基础结构制作

教学目标

（1）专业能力：了解别墅模型底座与基础结构的制作方法。

（2）社会能力：提高别墅模型制作能力，锻炼敏锐的观察力和熟练的手工制作技巧。

（3）方法能力：分析与理解能力，眼与手的协调配合能力，手工制作能力。

学习目标

（1）知识目标：掌握别墅模型底座和基础结构的制作方法和制作步骤。

（2）技能目标：能够根据别墅的施工图进行尺寸换算，并制作别墅模型底座与基础结构。

（3）素质目标：认真、严谨、细致的作风，良好的沟通表达能力。

教学建议

1. 教师活动

（1）收集别墅模型的底座与基础结构图片，运用多媒体课件和教学视频等多种教学手段，进行知识点讲授和技能指导。

（2）通过别墅模型的图片与实物展示，指导学生对别墅模型底座与基础结构进行制作实训。

2. 学生活动

（1）查阅相关资料，仔细观察，积极思考，参与讨论，完成别墅模型底座与基础结构制作的综合实训。

（2）主动学习，互帮互助，互查互评，互相进步，锻炼组织沟通表达能力。

一、学习问题导入

别墅模型的底座和基础结构是别墅模型的基础和基本框架。底座是别墅模型的基础，底座的尺寸和比例限定了别墅模型的规模，别墅的基础结构则呈现出别墅的整体框架和外貌。

二、学习任务讲解

1. 别墅模型底座的制作

（1）别墅模型底座材料。

别墅模型底座的造型和制作材料种类繁多，根据不同的需求可以设计制作不同的造型和款式。专业的模型底座常用材料有铝塑板、木材、石材等，如图 5-25 和图 5-26 所示。

图 5-25　铝塑板底座

图 5-26　石材底座

（2）别墅模型底座放样。

别墅模型底座的放样要根据别墅模型的规模和比例来进行。

（3）别墅模型底座的制作步骤。

步骤一：按照放样的尺寸切割好模型底座的 4 个边框。

步骤二：切割出底部转角位的 4 个三角形连接件。

步骤三：用钉枪固定好底座的框架。

步骤四：切割出 2 cm 宽的木边线和中心的黑色有机玻璃板，并粘贴牢固。

步骤五：将木边框和木边线涂上清漆。

底座制作如图 5-27 所示。

2. 别墅模型基础结构制作

（1）地形制作。

地形可直观地表示出别墅周围环境高低起伏的状况，可以选择厚度适中的轻型材料如软木、泡沫板、纤维板等进行制作。制作时要按照总平面图中设定的标高逐层切割，先将需要制作的等高线描绘在材料上，切割完成后进行粘贴和上色，如图 5-28 所示。

图 5-27　底座制作

图 5-28　地形制作

（2）墙体制作。

步骤一：根据比例在制作板面上绘制出建筑平面尺寸。

步骤二：根据比例换算出模型墙体的高度。

步骤三：将各立面分解绘制在需要制作墙体的板面上。

步骤四：裁切出立面墙体和门窗洞口。

步骤五：对墙体进行拼接粘贴。

墙体制作如图 5-29 所示。

图 5-29　墙体制作

三、学习任务小结

本次课主要学习了别墅模型底座和基础结构的制作方法和制作步骤，通过别墅模型底座和基础结构的手工制作实训，提高了同学们的实践动手能力。课后，大家要对本次课所学的内容进行反复练习，提高别墅模型制作能力。

四、课后作业

完成一个别墅模型底座和墙体的制作。

别墅模型室内家具和软装饰品制作

教学目标

（1）专业能力：掌握别墅模型室内家具和软装饰品的制作方法。

（2）社会能力：具备一定的家具设计技能和家具模型制作技巧。

（3）方法能力：手工制作能力、设计创意能力。

学习目标

（1）知识目标：掌握别墅模型室内家具和软装饰品的制作流程和方法，理解室内家具和软装饰品常用比例和尺寸。

（2）技能目标：能根据尺寸制作出别墅模型室内家具和软装饰品。

（3）素质目标：通过鉴赏优秀的别墅模型室内家具和软装饰品作品，提升专业兴趣，提高制作技能。

教学建议

1. 教师活动

（1）收集别墅模型室内家具和软装饰品图片，运用多媒体课件和教学视频等多种教学手段，进行知识点讲授和技能指导。

（2）示范别墅模型室内家具和软装饰品的制作方法，指导学生进行制作实训。

2. 学生活动

提前预习，认真听讲，仔细观察，积极思考，参与讨论，完成别墅模型室内家具和软装饰品的制作实训。

一、学习问题导入

别墅模型室内家具和软装饰品是别墅模型制作中的重要组成部分，要结合别墅的比例、尺寸、设计风格进行设计和制作。同时，还要发挥想象力和创造力，运用各种材料，美观、真实地将家具和软装饰品的造型、色彩以及质感表达出来。

二、学习任务讲解

1. 别墅模型室内家具的制作

（1）确定别墅室内设计风格。

别墅模型室内家具制作首先要根据别墅设计方案确定相应的设计风格，家具的风格要尽量与别墅的整体风格相一致，如图 5-30 所示。

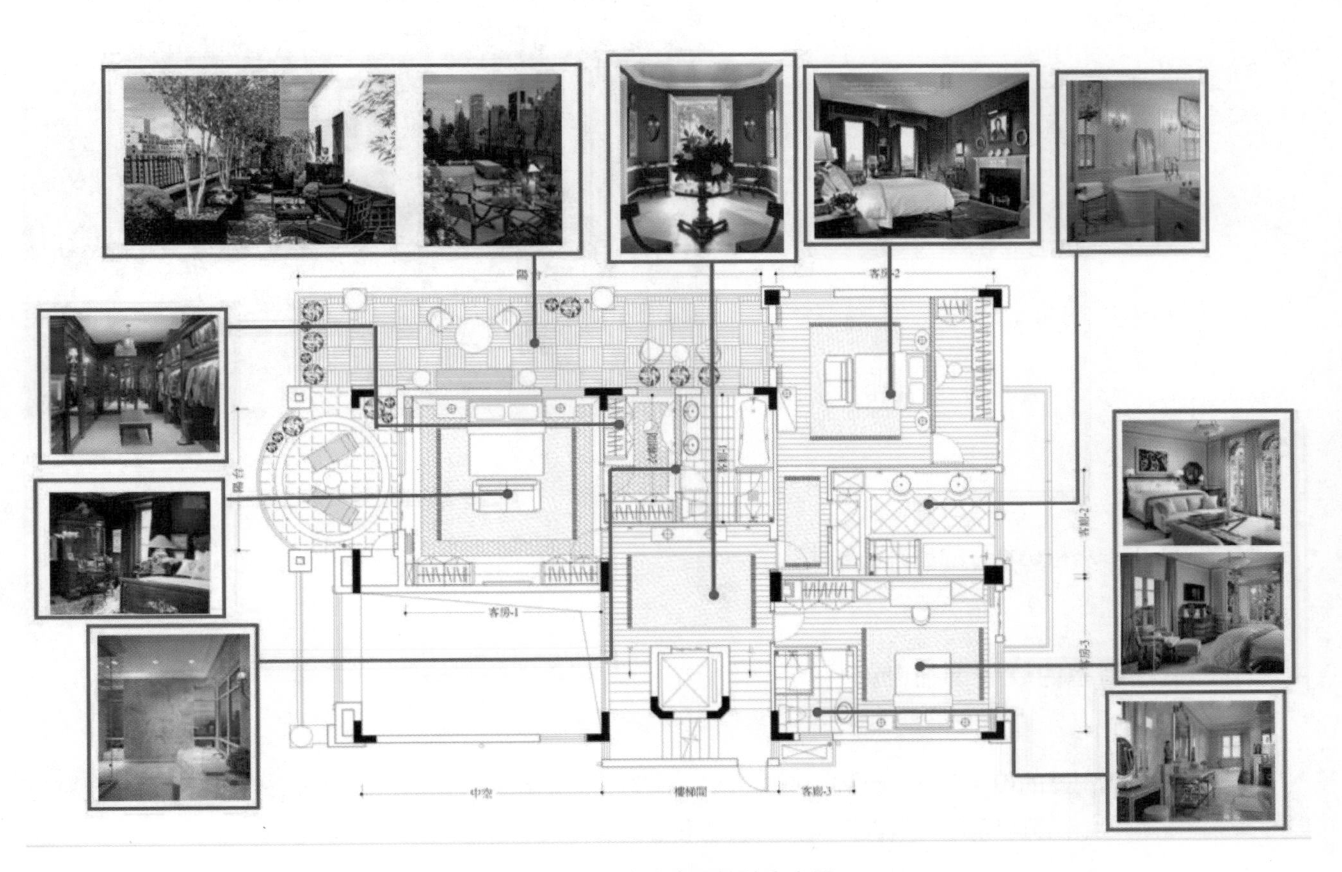

图 5-30　室内家具设计意向图

（2）绘制家具的三视图。

绘制出家具的俯视图、正立面图和侧立面图，然后按比例换算成模型制作尺寸，如图 5-31 所示。

（3）材料选择和制作。

家具模型制作的主要材料是 KT 板、ABS 板和木板，使用工具包括美工刀、胶水等。制作步骤如下。

步骤一：按照 1：25 的比例进行家具部件的放样。

步骤二：按照放样的图纸进行家具各部件的切割。

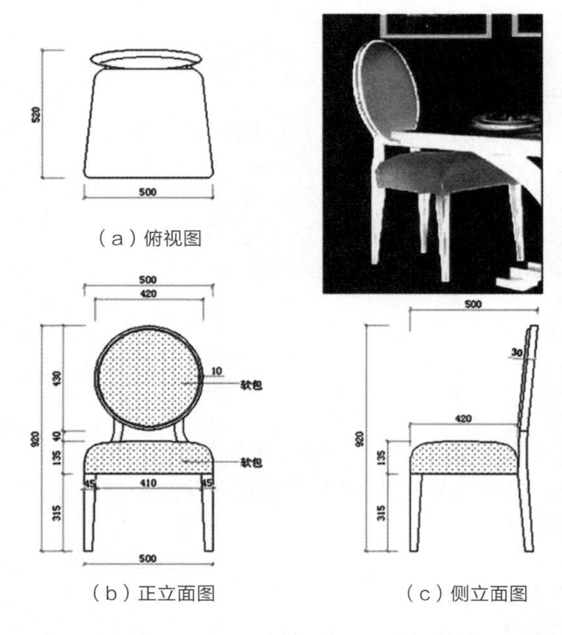

图 5-31　家具三视图（单位：mm）

图 5-32　家具模型

步骤三：用胶水将切割好的家具各部件粘贴牢固。

家具模型如图 5-32 所示。

2. 别墅模型室内软装饰品制作

（1）布艺制作。

步骤一：根据别墅的设计风格，合理挑选制作窗帘、床单、地毯和桌布的布艺材料。例如欧式风格别墅可以选择碎花布料；中式风格别墅可以选择清爽的灰色麻布。

步骤二：根据家具的尺寸对布料进行裁剪和切割。

步骤三：对切割好的布料进行粘贴。

布艺模型如图 5-33 和图 5-34 所示。

（2）配饰制作。

步骤一：根据家具的风格和尺寸，合理挑选材料制作室内配饰，如茶几、花艺、挂画等。

步骤二：根据配饰的尺寸对配饰各部位构件进行切割。

步骤三：对切割好的构件进行粘贴。

配饰模型如图 5-35 和图 5-36 所示。

图 5-33　布艺模型 1

图 5-34　布艺模型 2

图 5-35　配饰模型 1

图 5-36　配饰模型 2

三、学习任务小结

本次课主要学习了别墅模型室内家具和软装饰品的制作方法和步骤。通过模型制作实训，提高了同学们的实践动手能力。课后，大家要结合家具和软装饰品的风格、尺寸进行制作练习，逐步提高自身的模型制作水平。

四、课后作业

完成 5 种别墅室内家具模型的制作。

别墅模型园林景观制作

教学目标

（1）专业能力：掌握别墅模型园林景观中地形、道路铺装、水体、绿化、景观小品的制作方法。

（2）社会能力：具备别墅园林景观设计能力和绘图能力。

（3）方法能力：资料收集、整理能力，模型制作能力。

学习目标

（1）知识目标：掌握别墅模型园林景观的制作方法。

（2）技能目标：能够通过综合实训，设计制作并手工完成精美的别墅模型园林景观作品。

（3）素质目标：能够与团队沟通合作完成模型制作任务。

教学建议

1. 教师活动

（1）收集别墅模型园林景观图片，运用多媒体课件和教学视频等多种教学手段，进行知识点讲授和技能指导。

（2）教师示范别墅模型园林景观制作步骤，并指导学生进行制作。

2. 学生活动

观看教师示范别墅模型园林景观的制作方法，并进行制作。

一、学习问题导入

各位同学，大家好！本次课我们一起来学习别墅模型园林景观的制作方法和技巧。园林景观是别墅的重要组成部分，是提升别墅居住品质，营造室外空间氛围的主要元素。别墅模型园林景观的制作可以极大地丰富和美化别墅的效果，如图 5-37 所示。

图 5-37　园林景观模型

二、学习任务讲解

1. 别墅园林景观的概念

别墅园林景观又称为住宅庭院，主要是指围绕别墅设置的园林设施和植物，包括地形、道路铺装、水体、绿植、景观小品等，如图 5-38 和图 5-39 所示。

图 5-38　别墅园林景观模型 1

图 5-39　别墅园林景观模型 2

2. 别墅模型园林景观制作的方法

别墅模型园林景观的制作围绕地形、道路铺装、水体、绿植、景观小品等几个方面来进行。

（1）地形。

别墅模型园林景观的地形制作主要体现地面的标高，将地形高低起伏的特征表现出来。同时，要选择合适的材料来表现地形地貌，例如用草坪漆喷涂制造出草坪的效果。

（2）道路铺装。

别墅模型园林景观的道路分为主要道路和次要道路，主要道路是园林的主路，其铺装讲究对称和均衡，材料的种类和拼贴方式也更加丰富。次要道路通常为景观小路或休闲小径，具有连接和导向作用。常见的铺装材料有混凝土、鹅卵石、碎石、仿古砖、防腐木等。道路铺装模型制作通常使用勾刀或雕刻机在 ABS 板上划出不同深度的线条制作铺装纹理，也可以用装饰纹理贴纸制作，如图 5-40 所示。

图 5-40　道路模型制作

（3）水体。

水是园林景观设计中最有灵性的元素，它有四种基本形式，即平静的水、流动的水、倾泻的水和喷涌的水。别墅可以借水景表现生机盎然的效果。常见的别墅水体包括游泳池、鱼池、小瀑布、小溪等。

水体模型的制作首先可以按照图纸尺寸在相应的位置画出水体形状，然后用水纹纸或有机玻璃板裁出水体形状粘贴到表层，最后用石材或小碎石沿着水体边缘粘贴，形成水体边缘轮廓或驳岸，如图 5-41 所示。

（4）绿植。

别墅园林景观的绿植主要包括乔木、灌木和地被三种。乔木是指可作为主景观赏的树木，其模型制作可以直接购买比例合适的成品，也可自己制作。制作方法是根据建筑模型大小，用铁丝制作出树干，然后在树干上涂抹胶水，再撒上绿色树粉，并点缀一点其他颜色的树粉即可。

灌木可修剪成各式各样的造型，制作时先用铁丝制作出主干，然后在树干上涂抹胶水，再撒上绿色树粉成形即可。地被可以用草坪贴纸直接粘贴制成，或涂抹胶水撒上草粉制成，如图 5-42 ~图 5-44 所示。

（5）景观小品。

景观小品模型可参考常用园林图例，结合平面图上的尺寸来制作。景观小品包括凉亭、桥、花架、假山等。花架、假山等模型的制作可以用木板、筷子、碎石等材料按照图纸制作而成，如图 5-45 ~图 5-48 所示。

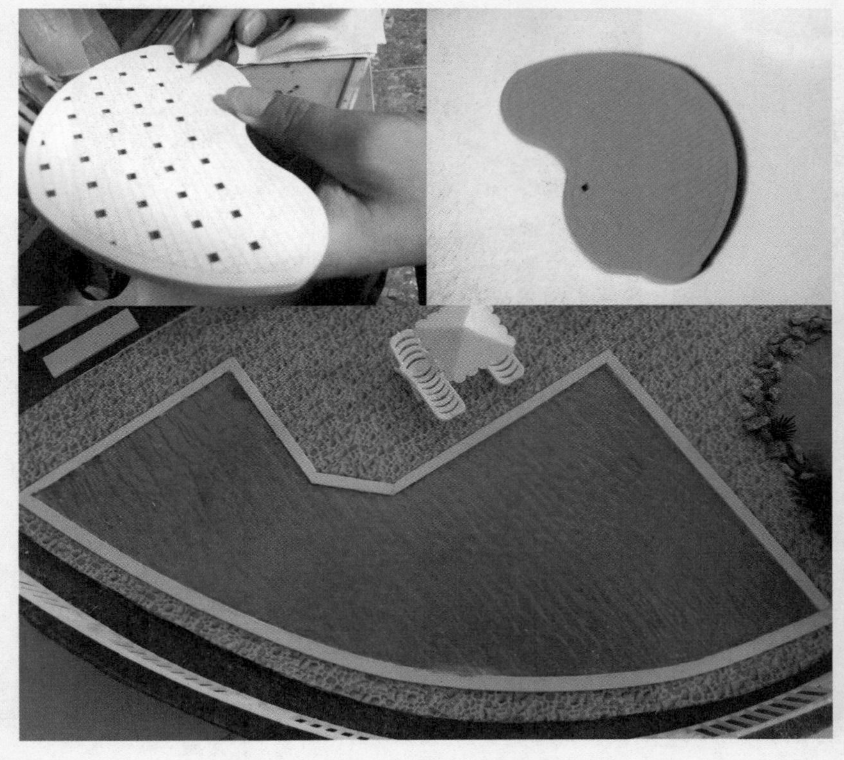

图 5-41　水体模型制作

图 5-42　乔木模型制作

图 5-43　灌木模型制作

图 5-44　地被模型制作

图 5-45　假山和花架模型制作

图 5-46　凉亭模型制作

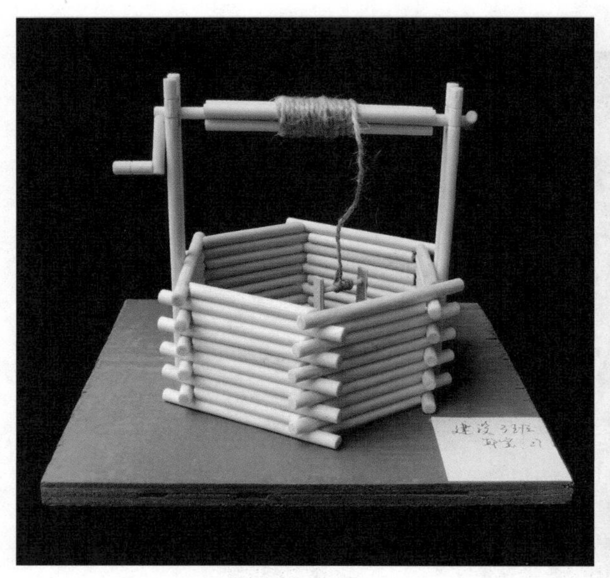

图 5-47　水井模型制作

图 5-48　秋千模型制作

三、学习任务小结

通过本次课的学习，同学们初步了解了别墅模型园林景观的制作方法和技巧，了解了地形、道路铺装、水体、绿植和景观小品的制作方法。课后，大家要多加练习，逐步提升别墅模型园林景观的设计与制作技能。

四、课后作业

完成一个别墅园林景观模型的制作。

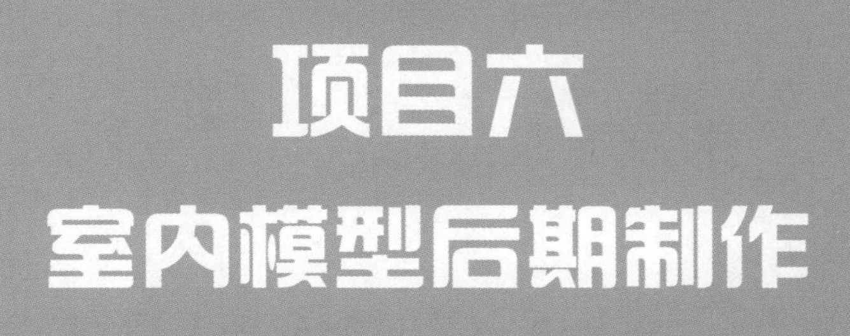

学习任务一　室内模型灯光效果

学习任务二　室内模型保护罩制作

学习任务三　室内模型的拍摄技巧

室内模型灯光效果

教学目标

（1）专业能力：了解室内模型电线布局方式，能制作不同风格的灯具模型。

（2）社会能力：具备一定的电路设计和灯具设计能力。

（3）方法能力：资料整理和归纳能力、设计创新能力、发散思维能力。

学习目标

（1）知识目标：掌握室内模型灯具制作的方法和技巧。

（2）技能目标：能够按室内电路布局设计制作室内灯具模型，并表现室内灯光效果。

（3）素质目标：能通过鉴赏不同风格的灯具设计作品，提升灯具自主设计能力。

教学建议

1. 教师活动

教师讲授电路设计原理，示范灯具模型制作方法，指导学生进行课堂实训。

2. 学生活动

观看教师制作灯具模型，并进行课堂实训。

一、学习问题导入

室内灯光能让整个室内空间更加明亮舒适，在室内灯光布置中，需要根据室内空间格局进行规划，同时根据其装修风格采用不同的灯光效果营造空间氛围。不同的地域风俗文化影响着室内灯光的布置，不同风格的装饰风格其灯光设计也不同，如图 6-1 ~ 图 6-9 所示。

图 6-1　现代中式风格灯饰

图 6-4　古典欧式风格灯饰（法式）

图 6-2　古典欧式风格灯饰（英式）

图 6-5　现代意式风格灯饰

图 6-3　地中海风格灯饰

图 6-6　北欧风格灯饰

图 6-7　孟菲斯风格灯饰

图 6-8　东南亚风格灯饰

图 6-9　日式风格灯饰

二、学习任务讲解

1. 室内线路布置

室内线路分为水路和电路两种，室内装修时可以用不同颜色的线管分别表示水路和电路，蓝色为水路线，红色为电路线。其中电线从电缆总闸引线出来，路线规划整齐有序，可以通过地板和天花板布置线路，通过地板布线是把电线牵引入其他空间；通过天花板布线是把电线从墙体引上天花板，供吊顶和灯带使用。水电线路施工现场如图 6-10 所示。

图 6-10　水电线路施工现场

（1）常用的室内模型电线和灯具及其他工具材料。

室内模型用的电线、灯具及其他材料和沙盘、景观模型、建筑模型相似。室内模型灯具灯光颜色比较丰富，可以根据空间氛围需要选购不同光色的灯。流水灯款式的灯具一般用于天花板吊顶；带电线的灯具适合局部照明使用。室内模型电路制作的工具和材料有热熔枪、热熔胶棒、胶带等。如图 6-11 ~图 6-16 所示。

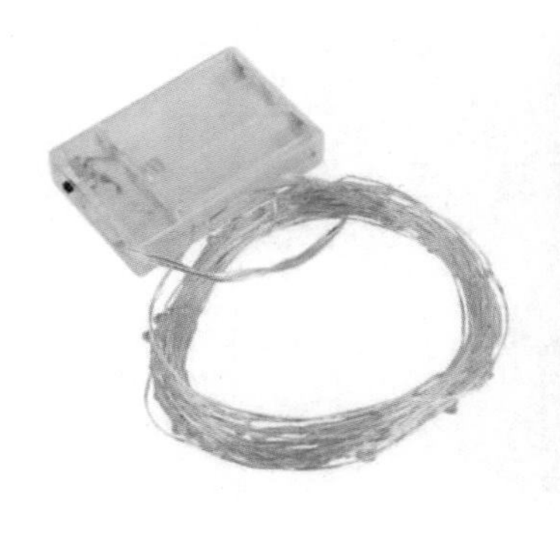

图 6-11　带电池盒灯带

图 6-12　接控控制器连接电线

图 6-13　流水灯灯带

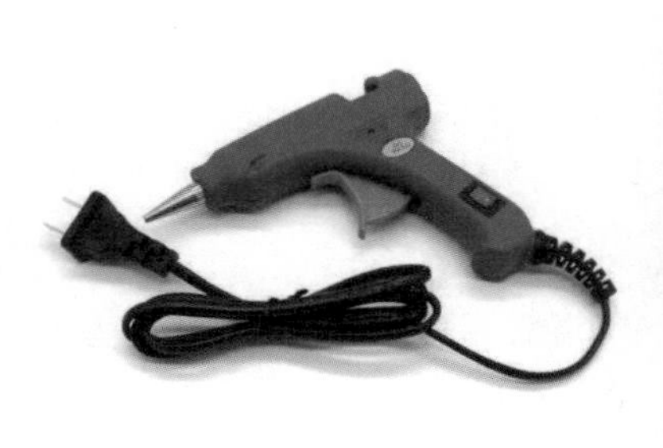

图 6-14　热熔胶枪

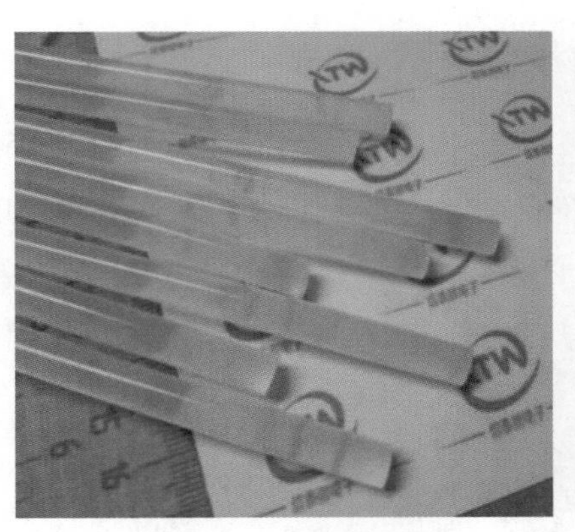

图 6-15　热熔胶棒

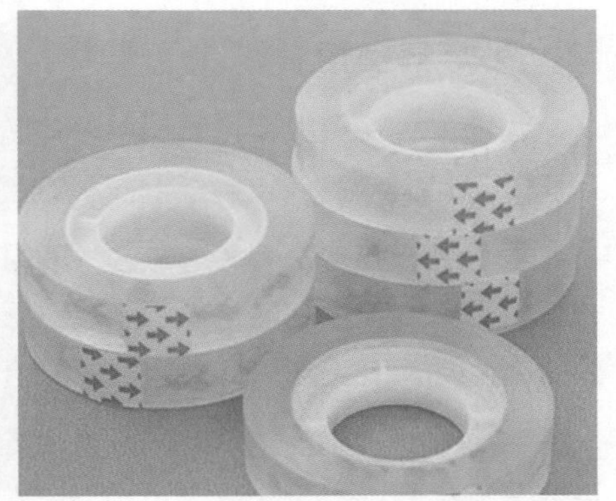

图 6-16　胶带

（2）按照室内模型格局布置线路。

① 布置地板线和天花板线。

根据室内模型格局牵引的电线分为地板线和天花板线，应用打胶器或胶带把电线粘贴整齐、平整。电池盒和外接控制器一般安装在模型外部墙壁上，再通过墙体挖洞引线到室内。如图 6-17 ~ 图 6-20 所示。

② 贴墙纸、地砖纸、天花板纸。

为了整个室内模型的美观，需要将暴露出来的电线进行遮挡，可以采用贴墙纸、地砖纸和天花板纸的方式将其掩盖起来，如图 6-21 所示。

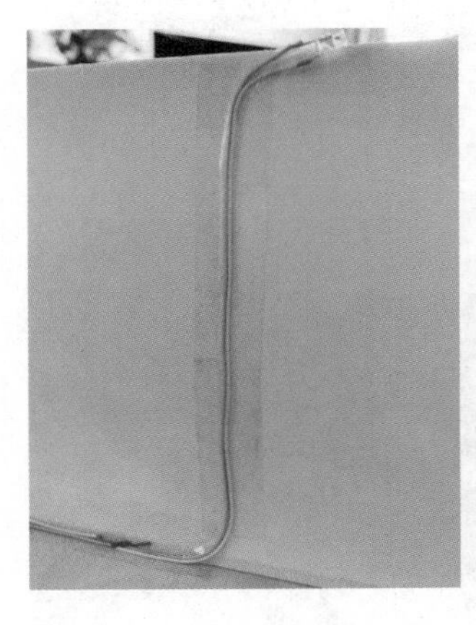

图 6-17　天花板线

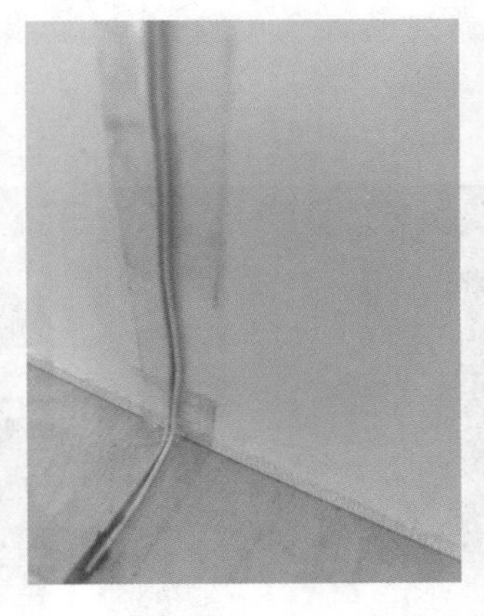

图 6-18　地板线

图 6-19　电池盒引线入天花板

图 6-20　电池盒引线入壁灯

图 6-21　模型内贴墙纸、地板纸、天花板纸

2. 灯具模型制作

灯具的外形可以根据其风格进行设计制作，例如中式风格的灯具可以用竹编或牛皮纸制作，地中海风格的彩绘灯饰可以用彩色包装纸制作。灯具制作时要注意其比例和尺寸关系，同时，要注意灯具内部灯泡的电路连接和固定。如图 6-22 ~ 图 6-25 所示。

根据室内模型空间格局和风格进行灯光照明装饰，可以让整个空间氛围更加温暖、舒适、浪漫。在模型的室外草坪和景观上加以灯光装饰，能给人以身临其境般的感受。如图 6-26 ~ 图 6-29 所示。

图 6-22　中式风格灯具模型

图 6-23　日式风格灯具模型

图 6-24　地中海风格灯具模型

图 6-25　现代灯具模型

图 6-26　别墅模型灯光效果

图 6-27　平层洋楼模型灯光效果

图 6-28　室外景观模型灯光效果

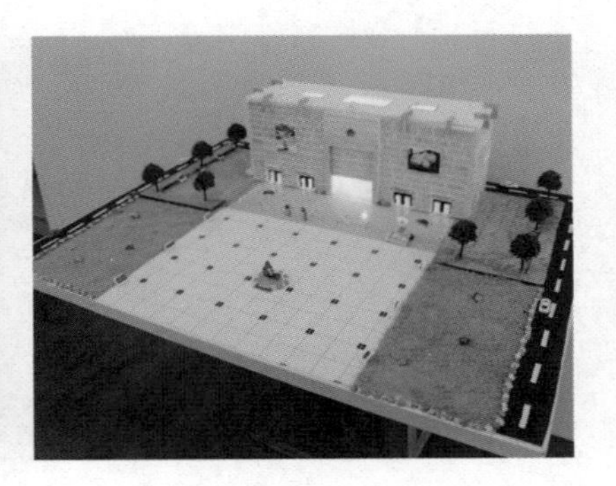

图 6-29　商场模型灯光效果

三、学习任务小结

通过本次课的学习，同学们了解了室内电路的布局方式，掌握了不同风格室内模型如何进行灯光设计和灯具模型制作。课后，同学们要多欣赏和分析室内模型的灯光装饰效果图片，找出其中的典型特征，全面提高自己的室内模型灯光效果设计能力。

四、课后作业

收集 10 个优秀的室内模型灯光效果设计作品进行赏析，并以 PPT 的形式展示出来。

室内模型保护罩制作

教学目标

（1）专业能力：掌握手工制作室内模型保护罩的方法和技巧。

（2）社会能力：了解室内模型保护罩制作材料的性能。

（3）方法能力：资料整理和归纳能力、设计创新能力、动手制作能力。

学习目标

（1）知识目标：掌握室内模型保护罩的制作方法和所需材料。

（2）技能目标：能够按照尺寸要求设计制作室内模型保护罩。

（3）素质目标：提升对室内模型的保护能力和鉴赏能力。

教学建议

1. 教师活动

教师示范室内模型保护罩的制作方法。

2. 学生活动

学生观看教师示范制作室内模型保护罩，并进行课堂实训。

一、学习问题导入

室内模型作品主题完成后，为了更好地存放和保护模型，需要制作模型保护罩。室内模型保护罩一般采用透明的玻璃或亚克力板制作，其既能有效保护模型和防尘、防潮，又能让整个作品看起来更加完整，如图 6-30 所示。

图 6-30　室内模型保护罩

二、学习任务讲解

模型制作完成之后，为了防止灰尘，同时能够长期保存，可以用厚度为 3 ~ 5 mm 的透明亚克力板制作一个保护罩。具体制作步骤如下。

步骤一：根据模型的尺寸大小，先画出比模型高度高出约 10 cm 的亚克力板用以制作观赏罩的竖板，再将四块竖板和顶部的顶板用勾刀切割出来，如图 6-31 所示。

步骤二：手工切割的亚克力板难免会有参差不齐的截面，需要用磨砂纸打磨切面，如图 6-32 所示。

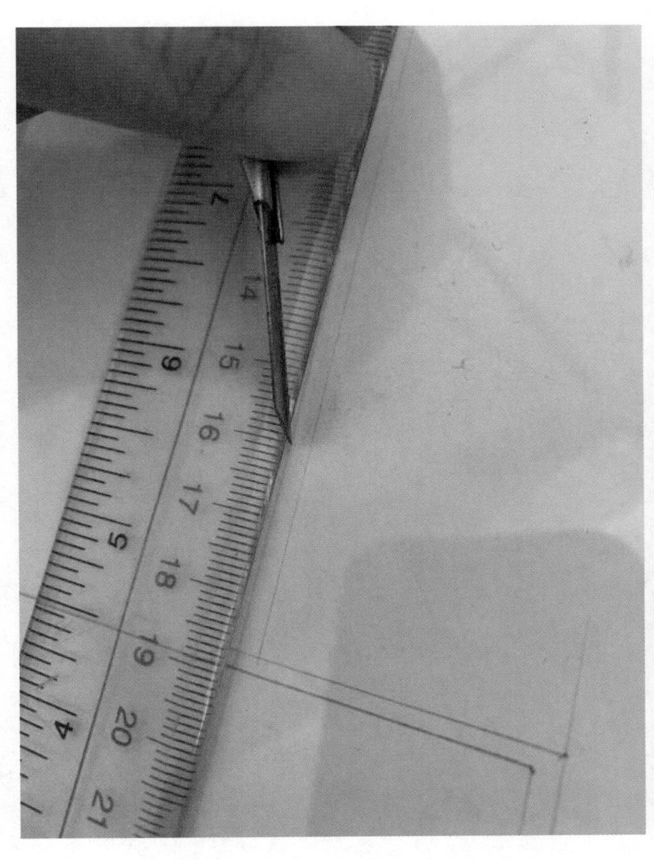

图 6-31　用钩刀切割保护罩

图 6-32　打磨切割后的亚克力切面

步骤三：亚克力板打磨完成后，先用干净的布擦拭其上的灰尘，然后用酒精胶在亚克力板的粘贴界面涂均匀，顶板与竖板在黏合时可以用瓶子或筒状物体来帮助固定，在固定过程中用酒精胶黏合。如图 6-33 所示。

步骤四：初次固定后基本造型已完成，等胶水稍微凝固后，使用玻璃胶在黏合处进行第二次固定，让整个室内模型保护罩更加稳固。

图 6-33　亚克力板上涂酒精胶

三、学习任务小结

通过本次课的学习，同学们掌握了室内模型保护罩的制作方法和技巧，通过室内模型保护罩的制作，提高了模型作品的管理保护意识。课后，同学们要多了解不同场合模型保护罩的制作方式，提高制作技能。

四、课后作业

走访参观 3 个售楼部，了解其室内模型保护罩的制作样式，并以 PPT 的形式展示出来。

室内模型的拍摄技巧

教学目标

（1）专业能力：了解不同摄像机的拍摄效果；了解不同摄影场地的摄影效果；掌握模型常用的拍摄技巧。

（2）社会能力：具备一定的拍摄能力。

（3）方法能力：具备拍摄能力和艺术构图能力。

学习目标

（1）知识目标：掌握室内模型的拍摄方法和技巧。

（2）技能目标：能合理选用摄影工具拍摄室内模型作品。

（3）素质目标：具备良好的拍摄能力和艺术审美能力。

教学建议

1. 教师活动

教师示范室内模型的拍摄方法。

2. 学生活动

观看教师拍摄室内模型，在教师的指导下进行室内模型拍摄实训。

一、学习问题导入

摄影可以保留生活中美好事物的瞬间，记录和保存相关信息。室内模型作品也需要运用摄影进行资料保存。同时，摄影还能从不同角度记录模型的各个面和细节，让模型以更多地视角展示出来。如图 6-34 和图 6-35 所示。

图 6-34　俯视拍摄

二、学习任务讲解

室内模型的拍摄是保存和记录模型的过程。室内模型是一件立体的、三维的实物，如果长期保存需要一定的空间来存放，中途搬动极易损坏，而且时间长了制作模型的材料容易老化、变形，影响模型的效果，因此对模型进行拍摄可以有效地留存资料。

图 6-35　半俯视拍摄

1. 专业数码单反相机拍摄技巧

室内模型拍摄最为理想的工具是数码单反相机。其像素在八百万以上，镜头可更换，支持光圈调节、快门调节的手动模式。

在拍摄模型时，对镜头和光圈进行合理设置，可以拍出较好的效果。镜头建议选取微距镜头，它能把微小的物体按 1：1 比例拍摄清晰，更好地展现模型的细节。在没有微距镜头的情况下，拍摄模型时焦距尽量调到 50 mm 以上，因为低于 50 mm 的焦距拍出来的画面容易变形。在光线允许情况下，光圈选择 F8 左右最为适宜，ISO 设定在 100 ~ 400 之间，ISO 过高容易产生噪点。

模型拍摄可选择在户外或室内影棚拍摄，户外拍摄阳光强烈，难以控制光线，容易产生曝光效果。在室内影棚拍摄可以更好地把握光线的强弱，也能更好还原色彩。在室内影棚拍摄时，闪光灯是主要光源，固定色温一般设定在 5000 ~ 5500k。在光线的布置上，闪光灯作为主要光源要注意光线方向和光位，同时结合光性质的光度、光质和色温进行拍摄。在此基础上设置相应的辅助光、背景光以及氛围光，可以更好地展示模型的体积、细节、材质及空间感。如图 6-36 和图 6-37 所示。

图 6-36　室内影棚拍摄

图 6-37　专业数码单反相机拍摄图

2. 普通数码相机和手机拍摄技巧

（1）了解摄影器材。微单相机在功能及拍摄技巧上有很多方面和单反相机类似，操作时可参照专业数码单反相机进行操作。普通数码相机有些功能也与单反相机类似，如果有手动模式尽量选择手动模式，以便更精确地控制画面的效果，其他功能基本与手机相机的功能差不多。

（2）运用 IOS 系统手机拍摄模型时，要把滤镜和闪光灯关掉，在光线比较强烈的环境中要开启 HDR 功能，如果光线较暗，可按住快门连续多拍几张，以便后续筛选最佳照片。在运用安卓系统手机拍摄模型时，也要关闭滤镜和闪光灯，在光线比较强烈的环境中要开启 HDR 功能，如果光线较暗，可以开启夜间模式，多拍几张以便选出最佳照片。有微距功能的手机在拍摄模型局部时，可开启微距功能进行更加细致的拍摄。

（3）在拍摄前，模型应当提前放在布置好的干净的背景之中，一般铺黑色或灰色衬布，以便衬托模型主体。

除了拍摄照片，也可以用视频来记录模型的整体效果。拍摄视频时，拍摄器材体积越小越好，以便按照设计好的拍摄路线进行拍摄。如果模型过小或拍摄器材太大，无法按照模型室内路线进行拍摄，则只能运用俯拍的方式。如果模型空间足够大，可以按照模型室内路线进行拍摄时，建议用手机倒拍方法，将摄像头朝下平视拍摄，可以拍出身临其境的效果。拍摄过程中注意手握平衡，多拍几段后进行剪辑并配上背景音乐。

模型拍摄效果如图 6-38 和图 6-39 所示。

图 6-38　数码微单拍摄效果

图 6-39　手机拍摄效果

3. 不同场景光线的使用

（1）自然光下拍摄。

自然光在不同季节和时段会有不同的变化，无法形成稳定的光环境。自然光拍摄时最好找一个有阳光的午后，这样有明确的主光源就可以更好地表现出模型的立体感和空间感。由于自然光是不可控光，阳光猛烈时会产生较强的阴影，所以在拍摄的时候要注意用白布、白纸对模型暗部进行补光，充当辅助光，使画面中的光线更加平衡。如图 6-40 和图 6-41 所示。

图 6-40　室外自然光拍照图 1

图 6-41　室外场景自然光拍照图

（2）室内影棚拍摄。

人造光光源是恒定的，拍摄者可以根据需要自由控制光线角度、距离和强度，而且为了达到特殊效果，可以通过一些附件改变光的性质，并按照拍摄者的意图进行布光拍摄。如图 6-42 和图 6-43 所示。

图 6-42　调试拍摄光源

布光是拍摄中非常重要的环节。如果没有专业的摄影台及灯具，可以考虑用家用的台灯，配合节能灯泡做主光源。在背光位置可以使用反光板进行补光，补光材料常用泡沫板或白卡纸。如果没有反光的材料，也可以用其他灯蒙上一层布或者一层磨砂纸，这种蒙布的射灯，就是我们在摄影棚经常看到的柔光灯装置，其射出来的灯光有散射及柔和的效果。

图 6-43　模型局部在室内影棚的拍摄效果

布光时应该先确定主光，在设定主光的过程中，要根据被拍摄体的造型特征、质感表现、明暗分配和主体与背景的关系来系统考虑主光的光性、强度、涵盖面以及拍摄距离。对于模型拍摄，一般都选择较柔的灯，如柔光灯和雾灯等作为主光。只有需表现强烈反差的效果时，才会采用泛光灯和聚光灯作为主灯。

在拍摄模型的时候，主光的高度通常是模拟自然光的光效来设置的，因为这样能使人感觉到最舒适的采光效果，所以通常主灯要高于被摄体。主光过低，会产生较大的阴影；主光过高，又会形成顶光，使被摄体的侧面和顶面反差较大。大多数情况下选择 45°，因为这个角度表现出来的光影效果最平衡的。如图 6-44 所示。

图 6-44　室内拍摄的主光

主光设置完成后，就要设置辅助光。辅助光就是对被摄体阴影处进行补光的一种光，其可以改善暗部的层次与影调。根据画面效果的需要，辅助光可以是一个，也可以是多个，为了控制多余的阴影，尽量多使用反光板，因为它能恰当地控制光比，产生理想的补光效果。想调整模型的光比效果，可以调整反光板的位置，对外观颜色较浅的模型，光比应小些，即反光板的位置调整远一些；而对外观颜色较深的模型，光比则要大些，即反光板的位置调整近一些。如图 6-45 所示。

然后设置背景光。背景光能起到烘托主体和渲染气氛的作用，因此，在对背景光进行处理时，既要讲究对比，又要注意和谐。在拍摄模型时，往往因主体与背景距离很近，且一般背景都是用白色亚克力板作底色，打主光时整个亚克力板会有背景光反射，因此主光可以兼作背景光。当主体灯和背景灯同时进行投射时，背景灯可以选择灯光柔软的灯具，也可以利用不透明的遮光物在适当部位进行遮挡，以得到需要的明暗变化。

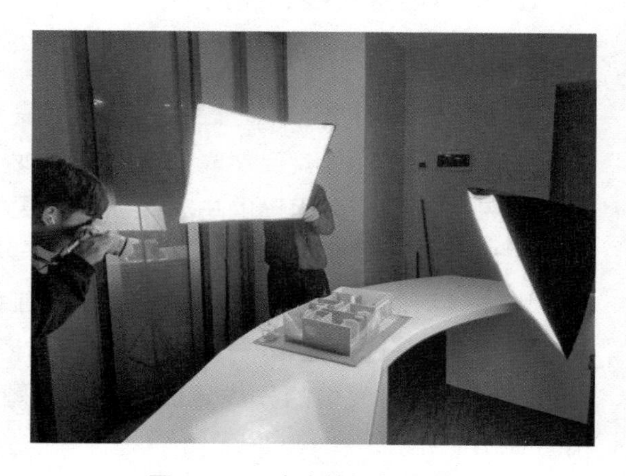

图 6-45　室内拍摄的辅助光

最后设置轮廓光。轮廓光的主要作用是使被摄体产生鲜明光亮的轮廓，从而使被摄体从背景中分离出来。轮廓光通常采用聚光灯，它的光性强而硬，常会在画面上产生浓厚的投影。因此，需要通过调节灯位，并借助反光器来拍摄轮廓光。轮廓光布灯时主要根据拍摄主题的需要选择硬光或柔光。如果模型体积造型不大，可以考虑用折叠摄影盒来拍摄，有的摄影盒自带灯光，也可借助四周反光布进行补光。如图 6-46 和图 6-47 所示。

图 6-46　借助轮廓光拍摄

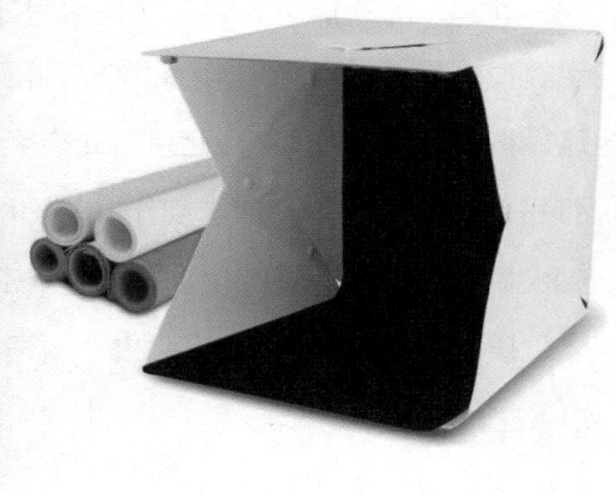

图 6-47　摄影盒

三、学习任务小结

通过本次课的学习，同学们已经初步了解了拍摄模型时不同摄影器材的使用方式，以及不同场地的光线使用方法。课后，同学们要多练习摄影技法，收集更多优秀的摄影作品资料，提升自己摄影能力，把自己制作的室内模型作品记录下来。

四、课后作业

从 5 个角度拍摄自己制作的室内模型作品。

参考文献

[1] 徐江，龚芸 . 景观与室内模型制作实战 [M]. 北京：中国水利水电出版社，2013.

[2] 张文瑞，王鑫 . 室内外环境模型制作 [M]. 西安：西安交通大学出版社，2014.

[3] 张引，王卓，王维 . 建筑模型设计与制作 [M]. 南京：南京大学出版社，2015.

[4] 郎世奇 . 建筑模型设计与制作 [M]. 北京：中国建筑工业出版社，2013.

[5] 王璞 . 建筑模型设计与制作 [M]. 北京：北京大学出版社，2014.

[6] 杨丽娜，张子毅 . 建筑模型设计与制作 [M]. 北京：清华大学出版社，2013.

[7] 薛丽芳，刘会营 . 室内模型装饰设计与制作 [M]. 北京：机械工业出版社，2018.

[8] 孟春芳 . 建筑模型设计与制作 [M]. 北京：中国建筑工业出版社，2017.

[9] 崔陇鹏 . 建筑空间设计与建筑模型 [M]. 北京：机械工业出版社，2019.